SAFe 5.0 精粹
面向业务的规模化敏捷框架

[美] Richard Knaster，Dean Leffingwell 著
李建昊 陆媛 译

SAFe 5.0 Distilled
Achieving Business Agility with the
Scaled Agile Framework

电子工业出版社
Publishing House of Electronics Industry
北京·BEIJING

内 容 简 介

本书基于规模化敏捷框架（SAFe）的完整结构，围绕业务敏捷力，提纲挈领地介绍SAFe的主要内容和精益企业的核心能力，同时给出在企业环境中实施SAFe的路线图。本书聚焦于提炼SAFe 5.0版的精粹，旨在帮助读者快速学习和了解SAFe的理论知识，并掌握其具体的实施步骤和方法，是指导SAFe落地实施的经典著作。

本书适合IT技术经理、项目经理、敏捷教练等阅读，以帮助他们成功进行SAFe的实施；也适合企业中高层管理者、业务负责人等阅读，以帮助他们提升企业的业务敏捷力，并成功构建基于SAFe的精益－敏捷企业。

Authorized translation from the English language edition, entitled SAFe 5.0 Distilled: Achieving Business Agility with the Scaled Agile Framework, ISBN: 978-0-13-682340-7 published by Pearson Education, Inc., Copyright © 2020 Scaled Agile, Inc.

All rights reserved. No part of this book may be reproduced or transmitted in any form or by any means, electronic or mechanical, including photocopying, recording or by any information storage retrieval system, without permission from Pearson Education, Inc.
CHINESE SIMPLIFIED language edition published by PUBLISHING HOUSE OF ELECTRONICS INDUSTRY CO., LTD, Copyright © 2021

本书简体中文版专有出版权由Pearson Education, Inc. 培生教育出版集团授予电子工业出版社。未经出版者预先书面许可，不得以任何方式复制或抄袭本书的任何部分。

本书简体中文版贴有Pearson Education, Inc. 培生教育出版集团激光防伪标签，无标签者不得销售。

版权贸易合同登记号　图字：01-2020-5052

图书在版编目（CIP）数据

SAFe 5.0精粹：面向业务的规模化敏捷框架 /（美）理查德•克纳斯特（Richard Knaster），（美）迪恩•莱芬韦尔（Dean Leffingwell）著；李建昊，陆媛译. 一北京：电子工业出版社，2021.8
书名原文：SAFe 5.0 Distilled: Achieving Business Agility with the Scaled Agile Framework
ISBN 978-7-121-41571-5

Ⅰ. ①S… Ⅱ. ①理… ②迪… ③李… ④陆… Ⅲ. ①软件开发－系统工程 Ⅳ. ①TP311.52

中国版本图书馆CIP数据核字（2021）第138400号

责任编辑：张春雨
印　　刷：北京天宇星印刷厂
装　　订：北京天宇星印刷厂
出版发行：电子工业出版社
　　　　　北京市海淀区万寿路173信箱　邮编：100036
开　　本：720×1000　1/16　印张：15.5　字数：304千字
版　　次：2021年8月第1版
印　　次：2024年6月第4次印刷
定　　价：109.00元

凡所购买电子工业出版社图书有缺损问题，请向购买书店调换。若书店售缺，请与本社发行部联系，联系及邮购电话：（010）88254888，88258888。
质量投诉请发邮件至zlts@phei.com.cn，盗版侵权举报请发邮件至dbqq@phei.com.cn。
本书咨询联系方式：010-51260888-819，faq@phei.com.cn。

理查德·克纳斯特（Richard Knaster）

我们将这本书献给规模化敏捷社区，他们为 SAFe 的成功做出了贡献，并将其应用于提升价值、质量和流动性，使工作更具吸引力和乐趣。同时，也感谢我们 Scaled Agile 公司的优秀员工，他们每天都在帮助世界变得更加美好。

迪恩·莱芬韦尔（Dean Leffingwell）

把这本书献给我的队友：Richard Knaster、Inbar Oren、Steve Mayner、Harry Koehnemann、Luke Hohmann、Andrew Sales、Yolanda Berea 和 Risa Wilmeth。"敏捷团队战无不胜。"

译者简介

李建昊,光环国际副总裁,组织发展顾问,企业级敏捷教练,规模化敏捷框架(SAFe)中国社群创始人,国内敏捷开发领军人物。2009年,遇到Dean Leffingwell,一起探讨敏捷发布火车的实施。2016年11月,成为全球首位中国SPCT候选人。2017年4月,与Richard Knaster联合讲授中国首期SPC认证咨询顾问公开课。2018—2020年,聚焦企业的SAFe落地实施,并发布首个中国企业实施SAFe的成功案例。目前,正在辅导多家大型企业进行规模化敏捷转型,并致力于规模化敏捷在中国的推广和发展。

陆媛,光环国际高级咨询顾问,企业级敏捷教练,获得的认证包括国际演讲俱乐部(Toastmasters)DTM、SPC、RTE、CSM、CSPO、PMI-ACP、LeSS Practitioner、ICP-Agile Talent、PMP、CMMI Associate、Management 3.0。她还是规模化敏捷框架(SAFe)中国社群核心成员,以及"敏捷四季"峰会和线上讲堂策划组织者。2016年开始深度参与SAFe在中国的企业级实施,曾多次主讲Leading SAFe、价值流识别等公开课。目前,正在辅导多家大型企业进行规模化敏捷转型,并致力于规模化敏捷在中国的推广和发展。

译者序

"新故相推,日生不滞。"当某个知识体系形成的时候,它已属于过去,新知识诞生和发展的脚步从未停歇。规模化敏捷框架(Scaled Agile Framework,SAFe)也在持续完善和演进。2017—2018 年,《SAFe 4.0 参考指南》和《SAFe 4.0 精粹》的中文版相继问世,为中国的敏捷实践者学习 SAFe 提供了有力的支持。之后,SAFe 又经历了两个版本(4.5 版和 4.6 版)的更新,提出了 SAFe 的配置类型,以及精益企业的核心能力,最终全面升级到了 SAFe 5.0 版。本书站在对 SAFe 基本知识全面理解的基础上,对 SAFe 的精华进行了提炼,并且聚焦在 SAFe 实践上,帮助读者更好地学习和应用这个框架。

SAFe 于 2011 年正式发布 1.0 版,历经十年时间,融入了敏捷、精益、系统思考、DevOps 等思想,提出并演进成四大核心价值观和十大原则,从团队、项目群、大型解决方案和投资组合等四个层级,全面、立体、系统化地给出了企业级大规模敏捷实施的策略和框架。全球众多行业的大型企业越来越多地采纳和实施 SAFe,在生产率、产品上市时间、交付质量、员工参与度等多方面取得了显著的成果,并总结出大量的成功案例,为组织的规模化敏捷转型提供了参考依据。

在国内,一大批敏捷实践者和专家也在关注 SAFe 的发展与应用。早在 2009 年,我还在诺基亚 Symbian 研发中心主持敏捷转型工作时,遇到了 Dean Leffingwell 先生,我们讨论了敏捷发布火车的执行和 SAFe 的雏形。此后,我就一直关注其演进和发展。2013 年,我翻译了 Dean Leffingwell 的著作《敏捷软件需求:团队、项目群与企业级的精益需求实践》一书,与此同时,中国国内出现了首批 SPC 咨询顾问。2014 年,国内的许多大型企业和跨国企业的中国分部也陆续开始实践 SAFe,比如华为、中兴、平安科技、中国银行、IBM、Dell EMC、赛门铁克、飞利浦等企业都先后组织了 SAFe 的培训或咨询。截至 2016 年 7 月,国内的SPC 已经超过十位;但是相对于中国大型企业敏捷转型的需求来说,SPC 的数量可谓寥若晨星。

2016 年 11 月,我作为中国首位 SPCT 候选人,应邀前往位于美国科罗拉多州博尔德市的 Scaled Agile(SAI)公司总部,与来自全球各国的 SAFe 专家进行了为期一周的学习和研讨,并与 SAI 签署了合作伙伴协议,把 SAFe 引入中国。2017—2019 年,我先后邀请了 SAI 的首席专家 Richard Knaster 先生、SAI 的高级顾问 Issac Montgomery 先生、美国 Agile Sparks 公司的顾问 Vikas Kapila 先生来华联合授课，并成功培养了近百名认证的 SAFe 咨询顾问。随后，2019 年 6 月，我再次前往美国 SAFe 总部，与 SAFe 的创始人 Dean Leffinwell 先生达成共识，将持续跟进 SAFe 的演进和升级。在此后的 2019 年 7 月，我邀请 SAI 的研究员 Joe Vallone 先生、高级顾问 Gerald Cadden 先生来华，再次联合开设 SPC 培训，并组织了 SAFe 案例研讨峰会。2020 年，一场突如其来的新型冠状病毒肺炎疫情给企业规模化敏捷的实施带来了不小的挑战。但是，大部分组织却能够及时响应变化，将线上和线下的工作进行结合。这恰恰是其践行敏捷核心价值观的明证。这一年，我再次细致地深入研究了 SAFe 的最新版本，并翻译了本书。希望借此帮助国内的敏捷实践者更好地理解 SAFe 的知识体系，扩大交流，打开视野，提升实践水平。也希望通过大家的共同努力，在中国培养更多的规模化敏捷咨询顾问，进而能够帮助更多的中国企业走上规模化敏捷之路！

关于本书

本书基于规模化敏捷框架（SAFe）的完整结构，围绕业务敏捷力，提纲挈领地介绍了 SAFe 的主要内容和精益企业的核心能力，同时给出了在企业环境中实施 SAFe 的路线图。本书聚焦于提炼 SAFe 5.0 版的精粹，旨在帮助读者快速学习和了解 SAFe 的理论知识，并掌握其具体的实施步骤和方法，是指导 SAFe 落地实施的经典著作。

全书脉络清晰，分为三个部分，围绕"Why SAFe、What SAFe、How SAFe"的线索展开论述，其中第一部分开宗明义，提出了数字化时代的核心能力是业务敏捷力，并介绍了大型企业在数字化时代实施 SAFe 所获得的业务优势，以及精益-敏捷理念和 SAFe 的原则，回答了"为什么需要 SAFe"的问题。第二部分纲举目张，逐一分析了面向精益企业的 SAFe 的七个核心能力，分别是"精益-敏捷领导力"、"团队和技术敏捷力"、"敏捷产品交付"、"企业解决方案交付"、"精益投资组合管理"、"组织敏捷力"及"持续学习文化"，回答了"什么是 SAFe"的问题。第三部分聚焦于实践，给出了实施 SAFe 的路线图，也提供了设计和实施敏捷发布火车的具体步骤和方法，回答了"如何实施 SAFe"的问题。另外，本书还给出了 SAFe 的常用术语表供读者参考（因篇幅所限，本书的术语表放在网上，可从"读者服务"处获取）。

虽然本书的篇幅不长，但是涵盖的内容非常广泛，读者如何有效地进行阅读呢？就这个问题我曾经跟本书作者进行了深入探讨，在此推荐两种阅读方法：

（1）对于 SAFe 的初学者，建议按章节顺序阅读。每个章节之间是承上启下、前后连贯的，从理念到实践，从团队到投资组合，最后讨论如何落地实施。

（2）对于具备一定SAFe经验的敏捷实践者，建议聚焦于SAFe的业务需要、各核心能力中的关键内容，以及实施环节。可以对照SAFe 5.0全景图，直接跳转到相应的章节进行阅读，有针对性地获得相应的实施指导。当然，也可以参考SAI的官方网站（参见链接1），找到全景图上的每一个活动图标，点击该图标后进入相关内容的页面，详细阅读。值得一提的是，在本书的第16章中，论述了如何"用基本型SAFe加强SAFe实施的基础"，并提出了SAFe的十大基本要素，这可以说是SAFe 5.0精粹中的"精髓"，强烈建议读者重点阅读。

关于术语的翻译

SAFe中涉及的术语众多、范围很广，既包括一些具有浓厚敏捷色彩的用语，也有一些传统项目管理的用语，还涉及企业架构、组织治理、财务预算、度量指标，甚至合同处理方式等方面的用语，再加上中西方文化的差异，我们很难从字面上进行直译，这给术语的翻译工作带来了极大的挑战。

如SAFe全景图，涉及了四个层级，即Team、Program、Large Solution、Portfolio。其中，Team和Large Solution的意思比较明确，译成"团队"和"大型解决方案"。但是，对于Program和Portfolio的翻译，本书并未沿用项目管理中"项目集"和"项目组合"的译法。因为在SAFe中没有涉及"项目"的概念，Program经常以PI（Program Increment）的形式出现，旨在代表一个发布周期内所交付的可工作的产品或解决方案，其与Scrum中的工件——产品增量（Product Increment）类似，而不是项目集合的概念，所以本书中将Program译成"项目群"。这样既能让读者联想到Program的原意，又能与"项目集"区分开来。同样，在SAFe中，Portfolio也不是"项目组合"的概念，而是企业中负责组织治理、战略规划和投资的层级，所以本书中将Portfolio译成"投资组合"。

在SAFe中，把业务需求与四个层级进行了对应，即Story、Feature、Capability、Epic。其中，Story、Feature、Epic已经有了约定的翻译，分别是"故事"、"特性"和"史诗"。而Capability是新引入的术语，旨在代表解决方案层面较大的业务需求，或者解决方案中较大的功能，需要进一步拆分成特性，本书中将其译成"能力"。此外，在SAFe中的每个层级都有技术类的需求，用来促成和支持业务需求，其被称为Enabler，分为四类，包括探索、架构、基础设施和合规性的工作。在进行Enabler的中文翻译时，我与业界的一些专家进行了多轮沟通，有些人建议使用"赋能""驱动""促进""推动"等，但似乎都不太恰当。考虑到在网管领域中已将Enabler翻译成技术术语"使能"，而且近年来很多研究机构也在国家"互联网+"的背景下，提出了"从'连接'向'使能'的转型"这一说法，所以本书中将 Enabler 翻译成"使能"，用来描述在技术层面开展相关工作，从而促进后续的研发工作具备良好的技术条件。

在 SAFe 的语境下，Flow 和 Stream 两个词出现的频率也很高。Flow 一词强调流动的动态性，Stream 一词强调流动的重复性。比如山上的小溪，如果强调水从山上流下来，就说成 Flow（水的流动）；如果强调形成的水流，则说成 Stream（溪流/水流）。所以，文中将 Value Stream 翻译成"价值流"，将 Workflow 翻译成"工作流动"，将 Establish Flow 翻译成"建立流动性"。

此外，原著还多次提到了 Coach 一词，在本书中将其翻译成"教练"，而且 Coach 有名词和动词两种词性，也希望读者根据语境加以区分。在 SAFe 的场景中，"教练"是一个专业角色（也就是 Coach 的名词词性），如 RTE、Scrum Master 等都会承担这个角色；而针对特定工作方式的技术，包括强有力提问、聆听、直接沟通、教练状态等，我们将实施这些技术的过程也称为"教练"（也就是 Coach 的动词词性）。如果将"教练"作为动词，则代表实施教练工作的人跟团队是平等的关系，暗含着其起到仆人式领导的作用；而训练（Training）或辅导（Mentoring）都有上级对下级（或者老师对学生）的含义，都不能表达"教练"的准确含义。

翻译讲究"信达雅"，它本身也是一个再创作的过程。在 SAFe 术语的翻译过程中，我邀请了国内多位敏捷专家和社群实践者们本着求同存异、联合共创的原则，一起进行了开放讨论、激烈碰撞，可以说大家从讨论中获得的收益远远超出了翻译术语本身。

致谢

敏捷的世界里并不缺乏理论，缺乏的是灵活驾驭理论、付诸实践的人！在本书的翻译过程中，我有幸又一次遇到了很多这样的实践者，感谢你们！

首先，我要感谢本书的作者 Richard Knaster 和 Dean Leffingwell。在本书的翻译过程中，我们既有横跨中美时区的电话和邮件交流，也有在美国 SAI 公司总部和在中国 SPC 授课现场的面对面讨论。每一次交流都让我感到作者们的严谨和热情，每一次交流都是中西文化差异的碰撞和融合，每一次交流都让我受益匪浅！

其次，我要感谢国内的 SPC 和敏捷专家们。我们一起探讨 SAFe 的实践案例，相互切磋 SAFe 的术语表达，共同打磨中文译稿，保证了本书的翻译质量。与此同时，来自 SAFe 社群的上百名志愿者也参与了翻译、试读、审校的工作，这又一次让我感到了"规模化"的力量，感谢各位社群志愿者，没有你们的付出和努力，就没有本书的顺利出版！

我还要特别感谢在翻译过程中陆媛老师作为资深敏捷专家的深度参与，以及电子工业出版社的张春雨老师和其他编辑老师们的大力支持。正是有了你们，本书才得以在较短的时间内与广大读者见面！

最后，我要感谢本书的广大读者和 SAFe 中国社群的伙伴们。作为在国内推广 SAFe 落地实施的共创平台，SAFe 中国社群自 2017 年初开始筹建和试运营，2017 年 4 月正式成立，至今已经走过了四年多的历程，开展了论坛、讲座、沙龙、网络研讨会、社群开放日等多种活动，逐步形成了"学习、成长、贡献"的社群核心价值观。目前，社群伙伴们正在持续深度分析和讨论当前企业敏捷转型面临的挑战，并结合 SAFe 的实施案例探索适合中国企业的组织转型解决方案。正是有了敏捷实践者的共同努力，SAFe 体系才能富有活力和永葆青春！感谢大家的支持！

敏捷实践的采纳和应用，就像长跑运动那样——一个人跑，可以跑得更快；一群人跑，可以跑得更远。

敏捷实践的扩展和规模化，正如航海那样——如果是一艘快艇，可以在有限的水域内灵活穿梭；如果是一支舰队，就可以拔锚远航，纵横四海！

希望 SAFe 能成为企业级敏捷实践的领航灯塔，让更多的企业组织起舰队，开启新的征程！

李建昊

2021 年 6 月

前言

2011 年，当规模化敏捷框架（Scaled Agile Framework，SAFe）问世以来，我们信心满满地认为，它有潜力改变世界上最大的企业用来开发软件和交付价值的方式。

今天，我们可以毫不含糊地说，SAFe 已经兑现了它的承诺。数以百计的世界知名组织正在依赖 SAFe，在一个持续颠覆式创新的市场中保持竞争力。我们有超过 300 个商业合作伙伴（规模大小不等）在全球范围内提供 SAFe 的培训和服务。2020 年初，有超过 60 万人通过培训和获得 SAFe 实践认证，掌握了相关知识并提升了他们的职业发展前景。这是一项重大的责任，是我们非常认真对待的责任。

随着对 SAFe 需求的不断增长，我们也在努力地对 SAFe 实施提供支持。通过 Scaled Agile 公司——提出 SAFe 的公司，我们不断地创建、精炼和交付工具、资源和学习活动，以帮助企业使用 SAFe 实现可能的最佳结果。

- **SAFe 网站**（scaledagileframework.com）：为精益、敏捷，以及 DevOps 提供一个免费使用的知识库，该知识库是经过验证的、集成的原则和实践。
- **学习和认证**（scaledagile.com/learning）：一个全面的基于角色的课程体系，用于成功地实施 SAFe，包括 13 门课程和认证。
- **SAFe 社区平台**（scaledagile.com/community）：SAFe 专业人员基于每个角色，用于持续学习、使用工具和保持联系的实践社区，还包括一些在线学习、视频、工具包、协作论坛、评估，以及专业发展资源。
- **规模化敏捷合作伙伴网络**（scaledagile.com/find-a-partner）：通过 300 多个合作伙伴，提供全球 SAFe 专业知识和支持。
- **全球和区域 SAFe 峰会**（safesummit.com）：2020 年的峰会原计划在美国和欧洲举行，由于 COVID-19（新型冠状病毒肺炎）的影响，最近的一次峰会改为在线上举办。

SAFe 的成功是我们倡导实践的直接结果。我们开展的所有工作也都在使用 SAFe，而不仅仅是产品开发。我们使用 SAFe 的领域包括销售、市场、IT、框架研发、学习和认证、社区平台、会计、财务，等等。

我们的墙壁上布满了看板板（Kanban board）、便签条、目标，以及待办事项列表，我们按照 SAFe 的要求，进行计划、迭代和交付。但是，最重要的是，我们已经将业务敏捷力作为公司 DNA 的一部分，并高度关注持续学习文化。我们从不认为自己拥有了所有的答案，我们尽最大努力去倾听自己的批评者和拥护者的声音。事实上，我们在两者中都获得了动力！

一直以来，SAFe 发展的推动因素都是快速反馈和对框架最佳可能版本的不懈追求，以及最高质量的培训、认证和客户体验。当然，SAFe 的未来版本也一直在开发中。

我们感谢成千上万有远见的人：企业采纳者和实践者，以及合作伙伴、顾问和培训师，他们在证明和实现 SAFe 的潜力方面起到了重要作用，他们在企业里应用该框架的过程中做了大量的工作。

这是我们共同建立起来的一件有意义的事情，我们受到鼓舞，不断发展 SAFe，为行业提供价值——创建更好的系统和更好的业务成果，以及为那些构建世界上最重要的新系统的人们提供更好的日常生活。

为什么需要 SAFe

欢迎来到软件和数字化时代——这是一个互联、实时的世界，在这个世界里，每个行业都依赖技术，每个组织（至少部分）都是一个软件公司。为了保持竞争力，企业将需要对其运营、业务解决方案，以及客户体验进行数字化转型。

但是，许多企业面临的挑战是，它们目前的业务模式、组织层级，以及技术基础设施都无法跟上所需的快速变化。虽然敏捷开发已经为许多组织提供了显著的改进，但仅靠敏捷开发本身是不够的。从软件开发中诞生的东西，现在必须进行规模化和扩展，以涵盖整个企业，从而改变人们的工作方式和业务运营的各个方面。简而言之，企业需要业务敏捷力，这是决定数字化经济成败的决定性因素。

业务敏捷力的意义在于，通过对人员进行授权从而做出快速决策（包括分配资源和围绕正确的工作调整正确的人员），允许公司充分利用新出现的机会。要达到这种级别的敏捷力，需要掌握的不是一个业务操作系统，而是两个操作系统。

- 第一个操作系统——传统的等级结构，对大多数企业来说都很常见。它提供了必要的效率、稳定性、治理、人员运营，以及在市场中生存和完成当前任务所需要涉及的其他各个方面。

- 第二个操作系统——一个以客户为中心的价值流网络，它能够向一个快速-

移动的市场迅速地提供创新的业务解决方案。

SAFe 可以帮助你实现第二个操作系统，使你的企业能够执行以下操作：

- 快速地适应和响应新出现的竞争威胁。
- 有效地识别和提供增量的客户价值。
- 保持不断演进与创新的产品和解决方案投资组合的质量。

此外，你将能够围绕价值优化组织团队的方式，并根据不断变化的业务需要快速重组。其结果是，你的公司将实现在数字化时代生存和繁荣所需的业务敏捷力。

越来越多的全球 2000 强企业，都从使用 SAFe 中找到了答案。SAFe 将敏捷的迭代开发实践和 DevSecOps 的文化、工具、实践，与精益和流动的理念结合起来，其目标是在最大化客户价值的同时，使浪费和延迟最小化。组织通过使用 SAFe，能够将战略与执行连接起来，更快地进行创新，更迅速地向市场交付高质量的解决方案。事实证明，这是一个强大的优势，可以使企业利用数字化创新增进自己的优势。

正如 SAFe 网站（scaledagileframework.com）上的案例研究所显示的那样，许多企业（规模大小不等）都在采用 SAFe 后，取得了显著的业务成果。

这些典型的业务成果包括：

- 员工幸福感和动力提升 10%～50%。
- 上市时间加快 30%～75%。
- 缺陷率下降 20%～75%。
- 生产率提高 20%～50%。

正如你所想象的那样，有了这样的结果，SAFe 正在世界各地迅速推广。领先的调查和研究机构，将 SAFe 作为规模化敏捷的首选方法。SAFe 是迄今为止被人们最普遍考虑和采用的规模化框架。

关于本书

"《SAFe 5.0 精粹》是我们一直在期待的一本书。它将框架的复杂性分解为易于理解的解释和可以操作的指导。对于初学者和经验丰富的从业者来说，它都是一份必不可少的资源。"

——Lee Cunningham，CollabNet VersionOne 企业敏捷战略高级总监

虽然，SAFe 知识库（参见链接2）对于构建软件和系统的从业人员来说是一份宝贵的资源，但是对于未入门的人来说，SAFe 知识库中所提供的那些指导文章可能会让人望而生畏。SAFe 是一个由数百个网页支持的强大框架。你从哪里开始呢，又应该按什么顺序阅读这些文章呢？哪些信息对你来说是真正重要的，以及你在什么时候需要获得这些信息呢？

我们很清楚，SAFe 知识体系具有像维基百科一样的属性，很难进行导航定位。所以，本书并不是仅仅讲述 SAFe 框架本身的内容，而是注重如何应用，这就是我们编写本书的原因。

本书分为三部分。

- **第一部分　软件时代的竞争**　介绍业务敏捷力，以及为什么企业需要 SAFe。本部分描述 SAFe 如何利用四个主要的知识体系（敏捷、DevOps、精益产品开发和系统思维）来实现更好的业务成果。本部分还介绍 SAFe 有助于你理解框架的基本知识，以便为你的学习之旅奠定基础。

- **第二部分　精益企业的七个核心能力**　描述实现业务敏捷力所需的能力。每个能力都是一组相关的知识、技能和行为，这些能力可使各种规模的企业能够在软件和数字化时代蓬勃发展和生存。每一章描述一个能力，通过整合许多不同的 SAFe 参考文章，提供一个完整而简洁的描述。

- **第三部分　实施 SAFe、度量和成长**　描述如何实施框架的原则、实践和活动。本部分将介绍一套采用 SAFe 的实施步骤，以及如何对精益-敏捷实施的收益进行衡量，并促进其增长和加速的方法，从而帮助企业实现业务敏捷力。

此外，我们也相信构建这些世界上最重要的系统，也是一件非常有趣的事情！或许，这是我们编写本书的真正原因。

——理查德·克纳斯特（Richard Knaster）和
迪恩·莱芬韦尔（Dean Leffingwell）

致谢

　　首先，这是一本关于 SAFe 的书，因此，本书作者深深地感谢所有为这个框架的发展做出贡献的人。有超过 150 本书和作者（有意或无意地）贡献了 SAFe 赖以存在的基础知识体系。此外，还有大约 100 名贡献者、评审者、评论者、编辑、美术设计师等共同成就了 SAFe 现在的版本。不过，如果我们花时间去感谢所有为 SAFe 做出贡献的人，这本书就不会被称为"精粹"了。幸运的是，SAFe 的"贡献者"网页（参见链接 3）完成了这项光荣的任务，所以我们在这里就不再赘述了。

　　但是，在此要感谢那些直接为这项工作做出贡献的人：框架团队的成员 Steven Mayner、Harry Koehnemann、Luke Hohmann、Inbar Oren、Andrew Sales、高级美术设计师 Risa Wilmeth，以及技术编辑 Alan Sharavsky。最后，还要特别感谢 Addison-Wesley 的出版团队：执行编辑 Greg Doench、内容出品人 Julie Nahil，以及文字编辑 Kim Wimpsett。

关于作者

理查德·克纳斯特（Richard Knaster），SAFe 研究员，Scaled Agile 公司的首席顾问。

理查德在软件和系统开发方面拥有 30 多年的经验，从开发人员一路走到高层领导。15 年来他一直领导着企业的大规模敏捷转型工作。理查德作为一名 SAFe 研究员，积极致力于推进 SAFe 精益－敏捷方法。作为 Scaled Agile 公司的首席顾问，他热衷于帮助组织创造更好的环境来交付价值、提高质量和工作的流动性，以及带来更大的吸引力和乐趣。

迪恩·莱芬韦尔（Dean Leffingwell），SAFe 创建者，Scaled Agile 公司的首席方法论专家。

迪恩是全球公认的精益－敏捷最佳实践权威专家。他是一位作家、连续创业者、企业家，也是一位软件和系统开发的方法论专家。他的畅销书 *Agile Software Requirements: Lean Requirements Practices for Teams, Programs, and the Enterprise* 和 *Scaling Software Agility: Best Practices for Large Enterprises*，在精益－敏捷实践和原则上奠定了现代思维的基础。他目前为 Scaled Agile 公司的首席方法论专家。该公司于 2011 年创立，他是联合创始人。

读者服务

微信扫码回复：41571

- 获取本书参考资料链接[1]
- 加入本书读者交流群，与更多同道中人互动
- 获取【百场业界大咖直播合集】（持续更新），仅需 1 元

---

1 本书提供的额外参考资料，如文中的"链接1""链接2"等，可从本页的"读者服务"处获取。

目录

第一部分 软件时代的竞争 ... 1

第1章 业务敏捷力 ... 3
1.1 软件时代的竞争 ... 3
1.2 总结 ... 8

第2章 SAFe概述 ... 9
2.1 什么是SAFe ... 9
2.2 为什么要实施SAFe ... 9
2.3 全景图 ... 11
2.4 SAFe实施路线图 ... 19
2.5 度量和成长 ... 20
2.6 总结 ... 21

第3章 精益-敏捷思维 ... 22
3.1 思维意识和对变革的开放态度 ... 22
3.2 思考精益，拥抱敏捷 ... 23
3.3 在规模化场景中应用敏捷宣言 ... 31
3.4 总结 ... 32

第4章 SAFe原则 ... 33
4.1 为什么要关注原则 ... 33
4.2 原则1：采取经济视角 ... 34
4.3 原则2：运用系统思考 ... 36
4.4 原则3：接受变异性，保持可选项 ... 38
4.5 原则4：通过快速集成学习环，进行增量式构建 ... 39
4.6 原则5：基于对可工作系统的客观评价设立里程碑 ... 41
4.7 原则6：可视化和限制在制品，减少批次规模，管理队列长度 ... 42

4.8 原则7：应用节奏，通过跨领域计划进行同步 44
4.9 原则8：释放知识工作者的内在动力 47
4.10 原则9：去中心化的决策 48
4.11 原则10：围绕价值进行组织 49
4.12 总结 52

第二部分 精益企业的七个核心能力 53

第5章 精益-敏捷领导力 55
5.1 为什么需要精益-敏捷领导者 55
5.2 总结 62

第6章 团队和技术敏捷力 63
6.1 为什么需要团队和技术敏捷力 63
6.2 敏捷团队 64
6.3 规模化敏捷团队 69
6.4 内建质量 71
6.5 总结 74

第7章 敏捷产品交付 75
7.1 为什么需要敏捷产品交付 75
7.2 以客户为中心和设计思维 76
7.3 按节奏开发，按需发布 82
7.4 DevOps和持续交付流水线 93
7.5 总结 101

第8章 企业解决方案交付 102
8.1 为什么需要企业解决方案交付 102
8.2 精益系统和解决方案工程 104
8.3 协调火车和供应商 110
8.4 持续演进活体系统 117
8.5 将大型解决方案SAFe元素应用于其他配置 119
8.6 总结 120

第9章 精益投资组合管理 121
9.1 为什么需要精益投资组合管理 121

9.2	投资组合存在于企业的上下文中	123
9.3	投资组合角色和职责	123
9.4	战略与投资资金	124
9.5	敏捷投资组合运营	136
9.6	精益治理	138
9.7	总结	141

第10章 组织敏捷力 142

10.1	为什么需要组织敏捷力	142
10.2	具有精益思想的人员和敏捷团队	143
10.3	精益业务运营	152
10.4	战略敏捷力	154
10.5	总结	158

第11章 持续学习文化 159

11.1	为什么需要持续学习文化	159
11.2	学习型组织	160
11.3	创新文化	162
11.4	坚持不懈的改进	166
11.5	总结	170

第三部分 实施SAFe、度量和成长 171

第12章 指导联盟 174

12.1	概述	174
12.2	步骤1：达到引爆点	174
12.3	步骤2：培训精益-敏捷变革代理人	176
12.4	步骤3：培训高管、经理和主管	176
12.5	步骤4：创建精益-敏捷卓越中心（LACE）	177
12.6	总结	181

第13章 设计实施 182

13.1	概述	182
13.2	步骤5：识别价值流和敏捷发布火车	182
13.3	步骤6：创建实施计划	190
13.4	总结	192

第14章 实施敏捷发布火车 194

14.1 概述 194
14.2 步骤7：准备ART启动 194
14.3 步骤8：培训团队并启动ART 200
14.4 步骤9：教练ART执行 203
14.5 总结 207

第15章 启动更多ART和价值流，扩展到投资组合 208

15.1 概述 208
15.2 步骤10：启动更多ART和价值流 208
15.3 步骤11：扩展到投资组合 210
15.4 总结 214

第16章 度量、成长和加速 215

16.1 概述 215
16.2 度量和成长 216
16.3 用基本型SAFe加强SAFe实施的基础 221
16.4 将新的行为扎根于组织文化之中 224
16.5 将所学知识应用于整个企业 226
16.6 总结 226

第一部分

软件时代的竞争

"在软件时代,每个业务都是软件业务。敏捷力不是一个可选项,也不仅仅是团队的事情,而是一件在业务层面的必做之事。"

——迪恩·莱芬韦尔(Dean Leffingwell),
规模化敏捷框架(SAFe)创建者

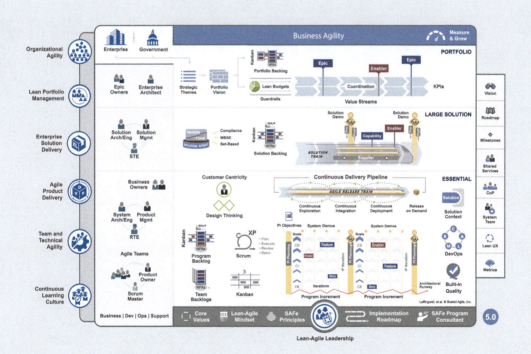

- 第1章 业务敏捷力
- 第2章 SAFe概述
- 第3章 精益-敏捷思维
- 第4章 SAFe原则

概述

在第一部分中,我们将介绍为什么企业需要 SAFe,并讨论软件和系统开发的挑战,以及 SAFe 如何利用四个主要知识体系(敏捷、DevOps、精益产品开发和系统思考)来实现更好的业务成果。另外,本部分将概要介绍规模化敏捷框架(SAFe),以便为你的学习之旅奠定基础。

第1章

业务敏捷力

> 那些掌握大规模软件交付的人，将定义21世纪的经济格局。
>
> ——米克·克斯滕（Mik Kersten），*Project to Product*

业务敏捷力指的是企业通过创新的业务解决方案，快速响应市场变化和出现的机会，从而在数字化时代中参与竞争并蓬勃发展的能力。为了实现业务敏捷力，要求参与交付解决方案的每个人都使用精益和敏捷实践，以比竞争对手更快的速度持续创造创新的、高质量的产品和服务。这种解决方案的交付通常需要业务与技术领导者、敏捷团队，以及IT运营、法律、市场/营销、财务、合规、安全和其他各方面人员的积极参与。

1.1 软件时代的竞争

卡洛塔·佩雷斯（Carlota Perez）在其著作 *Technological Revolutions and Financial Capital* 中描述了五次革命（比如，石油和大规模生产时代）中所出现的重复模式和变革，如图1-1所示。她研究后得出结论，这种现象在每一代人身上都会发生，并会对社会产生深远的影响。

首先，每次革命都会引发大量金融资本（投资）的流入，然后产生新的生产资本（商品和服务）。其次，革命会导致市场混乱、社会变革，以及产生新的经济秩序。

这些真正"震惊世界"的技术颠覆，通常发生在三个不同的阶段。

1. **导入期。** 新技术和金融资本结合在一起，创造了新进入者的"寒武纪大爆发"。
2. **转折点。** 当前存在的企业要么掌握新技术；要么走向衰亡，成为上一个时代的"遗物"。

3. **展开期。** 技术巨头的生产资本开始超过当前存在的企业。这从根本上改变了社会。

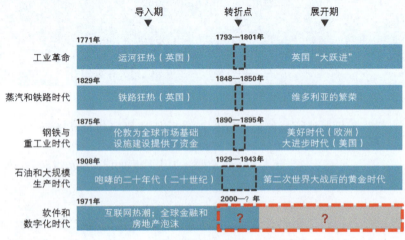

图 1-1 过去几个世纪的技术革命[1]

如图 1-1 所示,软件和数字化时代的导入期已经出现。或许,现在还不太清楚的是,我们是处于转折点还是展开期。

然而,我们已经看到了新科技巨头超越当前存在的企业,从根本上改变社会的例子。快速的技术变革表明,我们正在经历一个转折点,或者我们可能已经处于展开期了。

人们可能会简单地把谷歌、苹果、亚马逊、百度、Salesforce 或特斯拉(其中有些公司在二三十年前还不存在)的大规模市场资本化,作为我们正处于展开期的有力证据。很明显,每个企业都必须做好准备来迎接数字化时代所带来的不可避免的商业和社会变革。

米克·克斯滕在其著作 *Project to Product* 中分析了佩雷斯的著作,并指出世界经济面临的技术挑战是"普通企业组织中软件交付的生产率严重落后于技术巨头,而本应扭转这一局面的数字化转型却未能交付令人满意的业务成果。"[2]

克斯滕透彻地分析并指出了一个不可否认的事实,即当今许多成功的大型企业都面临着严峻的生存危机。使这些组织获得成功的能力和有形资产,比如实体零售店、制造业、分销业、房地产、本地银行和保险中心,将不足以确保企业在这个新时代的生存。

---

1 卡洛塔·佩雷斯(Carlota Perez),*Technological Revolutions and Financial Capital: The Dynamics of Bubbles and Golden Ages*(Edward Elgar Publishing, 2002)。
2 米克·克斯滕(Mik Kersten),*Project to Product*(IT Revolution Press, 2018)。

我们是怎么走到这一步的

> "问题不在于组织是否已经意识到他们需要转型;问题在于在这一次转型中,企业正在使用过去转型中的管理框架和基础设施模型来管理他们现在的业务。"[1]
>
> ——米克·克斯滕(Mik Kersten)

在传统组织中,大多数领导者都很清楚数字化革命的威胁;然而,他们中的许多人都未能成功转型,无法在下一次革命中生存和发展。所以,我们要问:为什么会这样?

约翰·科特(John Kotter)是研究组织领域的专家和作者,在他的最新著作 *Accelerate: Building Strategic Agility for a Faster-Moving World* 中提到,成功的企业绝非在诞生的时候就是庞大、笨重,以及无法在瞬息万变的市场中生存的企业。相反,这些成功的企业通常一开始就是一个快速发展的适应性网络,并由积极进取的个体组成,这些个体有着共同的愿景,且专注于客户的需求。在这个最初阶段,角色和汇报关系是流动的,员工自然而然地协作以识别客户需求,探索潜在的解决方案,并以任何可能的方式交付价值。换句话说,它是一个适应性的"创业网络",人们朝着共同的、以客户为中心的目标而努力(见图1-2)。

图 1-2 新企业始于一个以客户为中心的网络

企业在实现目标的同时,很自然地就会想要在成功的基础上发展壮大。这意味着个体责任需要更加明确,以确保关键细节得到落实。想要承担这些责任就需

---

1 米克·克斯滕(Mik Kersten),*Project to Product*(IT Revolution Press,2018)。

要获得专门的知识、聘用专家、组建提高效率的部门、制定政策和流程以确保合法合规,并推动可复用和具有成本效益的运营。因此,企业开始按职能进行组织。此时,筒仓开始形成。与此同时,企业并行运作,这个网络也在继续寻找新的机会来交付价值(见图 1-3)。

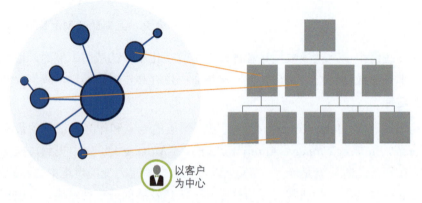

图 1-3　与创业网络并行发展的等级结构

组织的等级结构发展得越来越快,规模也越来越大,不断增长的规模经济得以实现。但是自然而然地,经营大型企业所需的实践和责任开始与创业网络发生冲突。基于当前的收入和赢利能力,等级结构所拥有的权力、影响力和责任,都与移动更快、适应性更强的创业网络产生了冲突。其结果如何呢?创业网络被等级结构摧毁了。"以客户为中心"的宗旨就被抛在脑后了(见图 1-4)。

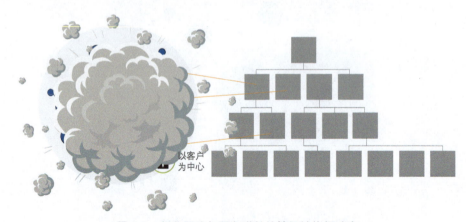

图 1-4　创业网络与不断增长的等级结构相冲突

不过,只要市场保持相对稳定,规模经济和收入能够为企业提供抵御竞争对手的保护屏障,企业还是可以继续获得成功和增长的。然而,当客户需求急剧变化,或者出现了颠覆性技术或竞争对手时,组织是缺乏敏捷力而无法响应变化的。

似乎在一夜之间，企业多年的市场统治和赢利能力就会消失殆尽。在此之后，公司的生存也变得岌岌可危了。

约翰·科特（John Kotter）指出，在过去 50 年中，我们所建立起的组织等级制度，提供了经过时间考验的组织结构、实践和政策，而且表现得很好。这些组织结构、实践和政策，可以支持企业中全球数千名员工的招聘、留任和成长。简而言之，它们在很大程度上是有效的，而且仍然是需要的。但问题是，我们如何组织和重新引入创业网络？为了能够解决这一难题，科特指出，"解决方案不是把我们知道的东西扔掉，重新开始，而是重新引入第二个系统。"这个模型被科特称为"双操作系统"，它在利用等级制度系统的优势和稳定性的同时，恢复了创业网络的速度和创新性。

那么，如何创建这样的双操作系统呢？我们将在下面进行描述。

SAFe：业务敏捷力的价值流网络

实施规模化敏捷框架（SAFe），为企业实现第二个操作系统提供了一种方式，并将企业的关注点重新聚焦在客户、产品、创新和成长上（见图 1-5）。

而且，SAFe 作为第二个网络操作系统，是具有灵活性的，如图 1-5 左边所示。它建立在经过验证的精益、敏捷和 SAFe 实践之上，能够以对企业影响最小的代价，进行组建和快速重组。这就是业务敏捷力对企业提出的要求。

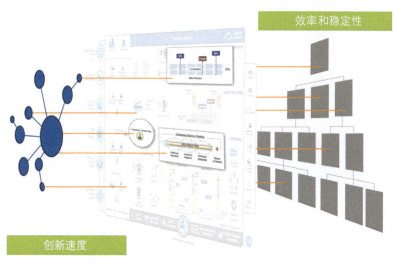

图 1-5　SAFe 作为第二个价值流网络操作系统

然而，想要有效地实施 SAFe，就要求组织在七个核心能力上获得相当程度的专业知识。这些核心能力将在第 2 章中进行简要介绍。

虽然每个能力都可以用来独立地交付价值，但它们也是相互依存的。因此，只有当企业全面掌握这些能力，达到一定熟练程度之后，才能实现真正的业务敏捷力。这是一个艰巨的任务，但道路是明确的。

1.2　总结

软件和数字化转型时代威胁着全球许多企业的生存。简言之，这些企业过去曾经创造了成功的组织结构、管理方法，以及工作方式，但现在已经跟不上数字化发展日益增长的速度了。企业为了生存，必须创造、演进和掌握一个双操作系统。第一个操作系统，看起来非常像传统的等级结构，有着固定的角色和责任，但是它更为精益，可以遵循更加敏捷的实践。第二个操作系统是一个更具适应性和灵活性的创业网络，其核心是精益和敏捷，以便完全聚焦在市场提供的客户和机会上。该网络组建后，还会持续地进行重组，从而可以适应组织中不断变化的价值主张。

这两个操作系统一起提供了稳定性和可操作的优势，并配备了一个动态网络，通过创新的和基于技术的业务解决方案，能不断迎接新的机会。最终的结果是，一个精益企业做好了在数字化时代蓬勃发展的准备。

第2章

SAFe概述

> "如果你不能把自己正在做的事情描述成一个流程,你就不知道自己在做什么。"
>
> ——W·爱德华兹·戴明(W. Edwards Deming)

在第 1 章中,我们介绍了业务敏捷力的概念,以及它对于在当今快节奏的数字化世界中参与竞争的重要性。同时,还探讨了企业需要一个双操作系统,一个系统用于稳定性和执行力,另一个系统用于创新和成长;介绍了 SAFe 作为创业型、灵活型的第二个操作系统,可以帮助企业实现稳定性、执行力,以及创新的目标。本章提供了一个对 SAFe 的简要概述,并讨论了它如何帮助组织实现业务敏捷力。

2.1 什么是SAFe

面向精益企业的 SAFe 是一个在线知识库,它包含了经过验证和集成的原则、实践和指导,为构建世界上最重要系统的人们带来了精益、敏捷和 DevOps 的力量。SAFe 的目标是帮助企业成为蓬勃发展的数字化时代企业,以最短可持续前置时间为客户提供有竞争力的系统和解决方案。

2.2 为什么要实施SAFe

> "我们有很多瀑布式的工作、与第三方集成的工作,以及严格的监管工作,这使得协调和执行变得异常困难。SAFe 提供了所需的敏捷力、可见性和透明度,以确保我们可以与众多的其他工作相结合,在交付过程中做到可预测,并确保按时完成工作。"
>
> ——大卫·麦克姆恩(David McMunn),Fannie Mae 敏捷卓越中心(COE)总监

如第 1 章所述，企业必须学会如何快速适应数字化时代的能力，否则就会灭亡（无论企业的规模、实力或聪明程度如何）。业务敏捷力不是一种选择，它是企业的必做之事。现在，即使那些认为自己不是信息技术（IT）或软件方面的企业，也都只有高度依赖于自己的科技能力，才能快速生产出新型的、高质量的、以创新技术为基础的产品和服务。

规模化敏捷公司（SAI）的使命，是帮助企业在数字化时代蓬勃发展。为此，我们开发和发布了 SAFe 知识库及其配套的认证、培训、课件、社区资源，并拥有 300 多个工具和服务合作伙伴，共同组成了一个全球化的网络。

提升系统开发成果

SAFe 从四个主要的知识体系（敏捷、DevOps、精益产品开发和系统思考）中汲取灵感，并利用了十多年来的真实客户体验。它将帮助企业回答以下类型的问题：

- 我们如何使技术开发与业务战略保持一致？
- 我们如何按可预测的时间表交付新价值，以便可以计划其他业务？
- 我们如何提高解决方案的质量并使客户感到高兴？
- 我们如何将敏捷实践扩展到整个企业，从而交付更好的结果？
- 我们如何围绕价值进行重组，从而避免传统职能结构中存在的固有延迟？
- 我们如何创造一个促进合作、创新，以及坚持不懈改进的环境？
- 我们如何鼓励人们去承担风险、创造性地思考，以及拥抱持续学习？

通过采纳（并很好地运用）SAFe 所描述的价值观、原则和实践，企业可以解决这些问题，并实现更多的业务和个人收益。

SAFe 为全球各种规模的组织提供业务敏捷力并改善其业务成果。它加快了产品的上市时间，并在员工敬业度、质量、客户满意度，以及整体经济效益方面具有显著的提升。它也有助于创造更有成效、更有回报，以及更有趣的文化。

如图 2-1 所示，SAFe 强调了直接从客户案例研究中所总结出的这些收益。

图 2-1　SAFe 业务收益（来源：scaledagile.com/customer-stories）

2.3　全景图

在企业能够获得实质性的业务收益（如图 2-1 所示）之前，它必须将自己转型成为一个精益－敏捷企业。这种转型需要发展企业的核心能力，使企业能够形成新的领导风格、新的思维方式和工作方式，并注重价值交付和持续改进的文化。

SAFe 广泛的知识体系描述了实现企业级规模的精益－敏捷开发所需的角色、责任、工件和活动。SAFe 使大量的敏捷业务团队与敏捷技术团队做到了同步地对齐、协作和交付。SAFe 具有可扩展性和可配置性，可以支持覆盖 50～125 名成员的较小规模的解决方案，也可以支持需要数千人进行构建和维护的复杂系统。

SAFe 网站以交互式全景图为特色，并可以通过选项卡来选择每种配置类型，如图 2-2 所示。

图 2-2 提供了一个可视化的概览，这是 SAFe 知识库的主要用户界面。图 2-2 中的每个图标都是可以点击的，它们提供了一个广博的 SAFe 指南的入口，其中包括以下内容：精益企业的七个核心能力、支持全系列开发和业务环境的四种配置类型，以及构成 SAFe 的基本原则、价值观、思维、角色、工件和实施要素。下面将对这些元素逐一进行描述。

概览选项卡

SAFe 包含一个概览（Overview）选项卡，如图 2-2 所示。单击该选项卡时，将显示如图 2-3 所示的界面。它提供了一个简化视图，显示出 SAFe 的七个核心能力，以及实现业务敏捷力的 21 个维度。客户是所有能力的焦点，而精益－敏捷领导力是基础。这个概览是一个有用的工具，可以为 SAFe 的实施提供初始的方向，并为高层管理者提供一个简化的框架视图。

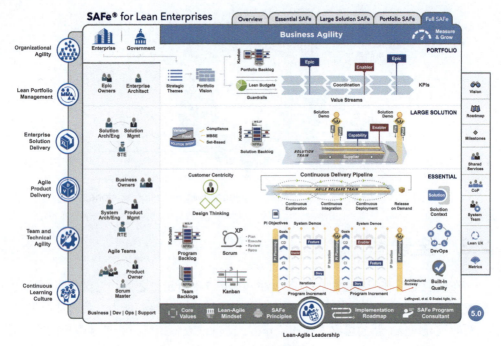

图 2-2　SAFe 全景图

通向业务敏捷力的道路是一段没有终点的旅程。为此，SAFe 全景图右上角的"度量和成长"（Measure & Grow）图标提供了一篇指导文章，描述了如何评估 SAFe 投资组合在业务敏捷力方面的进展，以及确定下一步的改进步骤。第 16 章将进一步探讨这一主题。

这七个核心能力，是理解和实施 SAFe 的"主透镜"。每个能力都是一组相关的知识、技能和行为，它们共同起作用，使企业能够通过在最短可持续前置时间内交付最佳的质量和价值来实现业务敏捷力。以下是每个能力的简要概述：

- **精益–敏捷领导力**描述了精益–敏捷领导者如何通过授权个人和团队，发挥他们的最大潜能来推动和维持组织变革。
- **团队和技术敏捷力**描述了高绩效的敏捷团队用于为客户创建解决方案所需的关键技能和精益–敏捷原则及实践。
- **敏捷产品交付**是一种以客户为中心的方法，用于定义、构建、发布对客户和用户有价值的产品、服务的持续流动。
- **企业解决方案交付**描述了如何将精益–敏捷原则和实践应用于世界上最大和最复杂的软件应用程序、网络，以及网络物理系统的开发。
- **精益投资组合管理**通过将精益和系统思考方法应用于战略与投资，敏捷投资组合运营及治理，从而对齐战略和执行。

- **组织敏捷力**描述了具有精益思想的个人和敏捷团队如何优化他们的业务流程，如何通过明确而坚定的新承诺来演进战略，并根据需要快速调整组织，从而抓住新的机会。
- **持续学习文化**是一套价值观和实践，鼓励个人以及整个企业不断增长知识，提高能力、绩效和创新力。

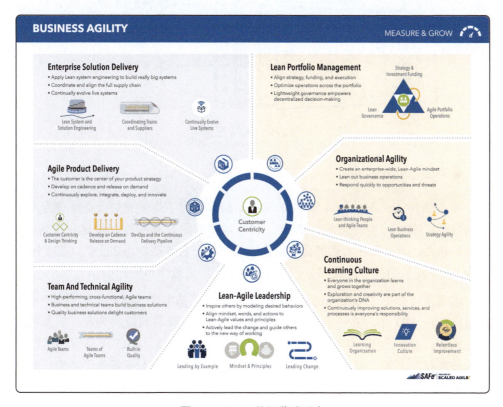

图 2-3　SAFe 的概览选项卡

每个核心能力都有一套评估方法，每套评估方法都会通过三个维度来探索该能力领域的机会和关注点。在 SAFe 网站上每个能力指导文件的底部，可以找到对于对应评估方法的描述。每套评估方法都有一系列建议或促进"成长"（grow）内容，用于提供指导，以帮助团队进行改进、提高。这些内容也可以在每个能力的指导文件中找到。

SAFe 配置

SAFe 是可配置和可扩展的，它允许每个组织根据自己的业务需要对框架进行调整（见图 2-4）。通过四种"开箱即用"的配置，SAFe 支持全方位的解决方案（覆盖了从需要少量团队的情况，到需要数百甚至数千人来构建和交付复杂系统的情况）。

可以使用图 2-2 中所示的选项卡来访问这些配置。下面将简要描述每种配置。

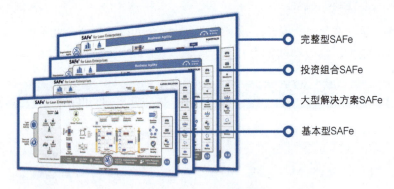

图 2-4　SAFe 配置

基本型 SAFe

基本型 SAFe（Essential SAFe，见图 2-5），包含了持续交付业务解决方案所需的角色、事件和工件的最小集合。它所依赖的原则和实践都是建立在精益 - 敏捷领导力、团队和技术敏捷力，以及敏捷产品交付这些能力之上的。它是所有其他 SAFe 配置的基本组成部分，并且是 SAFe 实施最简单的起点。

敏捷发布火车（Agile Release Train，ART）是基本型 SAFe 中的一个基本组织结构。在 ART 中，多个敏捷业务和技术团队、关键的利益相关者，以及其他相关人员，都致力于一项重要的、持续的解决方案使命。ART 所具有的本质属性是长期存在、基于流动，以及自组织的，这些属性为 SAFe 提供了动力，并最终实现了业务敏捷力。大多数 ART 都是跨越组织和地域边界的虚拟组织。

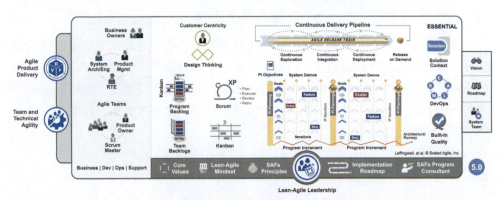

图 2-5　基本型 SAFe 的配置

大型解决方案 SAFe

大型解决方案 SAFe（Large Solution SAFe，见图 2-6）描述了构建和发展世界上最大的应用程序、网络和信息物理系统时，所需的其他角色、实践和指导。它包括了基本型 SAFe，并引入了企业解决方案交付能力。它支持那些需要多个 ART 和供应商才能完成构建的最大和最复杂的解决方案，但是在这种情况下，无须考虑投资组合层的元素。这些解决方案的开发经常存在于以下领域：航空航天和国防、汽车行业，以及政府各级机构，这些领域主要关注的是大型解决方案而不是投资组合治理。

解决方案火车出现在大型解决方案层，它是一种组织载体，可以协调多个 ART 和供应商的工作，以交付这些大型的复杂系统。解决方案火车可以交付多种价值，从全球金融机构的核心银行应用程序，到喷气式战斗机和卫星系统，这些领域它都有所涉及。

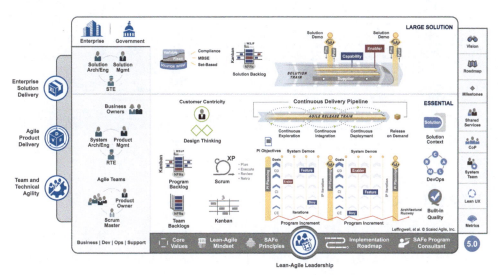

图 2-6　大型解决方案 SAFe 的配置

投资组合 SAFe

投资组合 SAFe（Portfolio SAFe，见图 2-7）的配置，是能够充分实现业务敏捷力的能力和实践的最小集合，"业务敏捷力"（Business Agility）出现在全景图（见图 2-2）顶部，用蓝色的横条显示。此处还包括一个"度量和成长"（Measure

& Grow）图标，用于指导进行 SAFe 的业务敏捷力评估。投资组合 SAFe 包括基本型 SAFe 的能力，并增加了精益投资组合管理、组织敏捷力，以及持续学习文化等能力。

这种配置方式，识别出一个或多个价值流，并围绕着价值的流动，让投资组合执行与企业战略保持一致。它提供了原则和实践，用于支持投资组合战略与投资资金、敏捷投资组合运营，以及精益治理。它有助于确保价值流及其火车专注于构建正确的东西，并提供了满足战略目标所需的适当程度的投资。

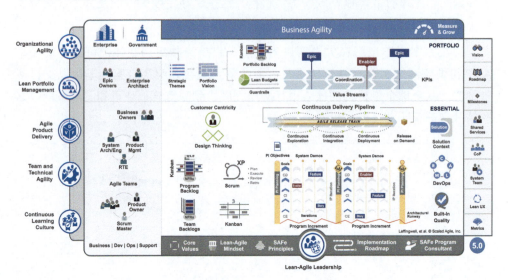

图 2-7　投资组合 SAFe 的配置

完整型 SAFe

完整型 SAFe（Full SAFe，见图 2-8）是最全面的配置，包括业务敏捷力所需的全部七个核心能力。全球最大的企业使用它来维护大型和复杂解决方案的投资组合。在有些情况下，可能需要综合考虑多种不同的 SAFe 配置。

除了这四种配置，SAFe 还提供了一种模式，可以将该框架应用在政府机构的系统开发之中，这种模式是一套在公共部门实施精益-敏捷实践的成功应用。这种模式提供了一个登录页面，包括一系列政府部门采用 SAFe 的文章，并提供了相关视频、事件，以及其他资源。

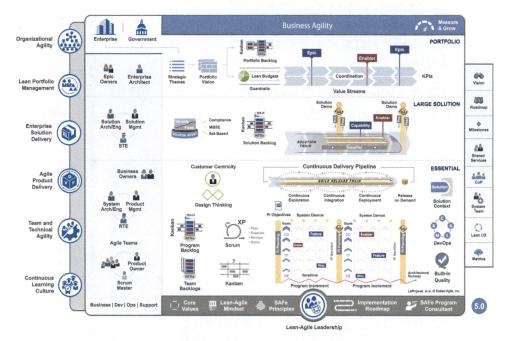

图 2-8　完整型 SAFe 的配置

有关在政府事务的具体实践中如何应用 SAFe 的更多信息，请访问链接 4。

跨层级面板

跨层级面板（spanning palette）包含多种角色和工件，这些角色和工件可以应用在特定的团队、ART、大型解决方案，或者投资组合的上下文（context）中。跨层级面板作为 SAFe 的灵活性和可配置性的一个基本元素，允许组织在其所选的配置中，仅应用所需的元素即可。

图 2-9 显示了跨层级面板的两个版本。

较小的跨层级面板用于基本型 SAFe 的配置，而较大的跨层级面板用于所有其他配置类型。但是，由于 SAFe 是一个框架，其目的是适应企业的上下文，因此企业也可以将较大的跨层级面板中的任何元素应用到基本型 SAFe 之中。

以下是跨层级面板每个元素的简要说明：

- **愿景**（Vision）。愿景描述了将要开发的解决方案的未来视图，反映了客户和利益相关者的需要，以及为满足这些需要而提出的特性和能力。

- **路线图（Roadmap）**。路线图显示了在时间线上，ART 和价值流所计划的交付成果和里程碑。
- **里程碑（Milestones）**。里程碑用于跟踪特定目标或事件的进展。SAFe 描述了固定日期里程碑、项目群增量（PI）里程碑，以及学习里程碑。
- **共享服务（Shared Services）**。共享服务代表了 ART 或解决方案火车成功所必需的专业角色，但这些角色不能全职专用于任何特定的火车。
- **实践社区（CoP）**。实践社区是由团队成员和其他专家组成的非正式小组，他们的使命是在一个或多个相关领域内分享实践的知识。
- **系统团队（System Team）**。系统团队是一个特殊的敏捷团队，他们在构建和使用持续交付流水线方面提供帮助，并在必要时验证完整的端到端系统性能。
- **精益用户体验（Lean UX，UX）**。精益用户体验是精益原则在用户体验设计中的应用。它通过持续的度量和学习循环（构建-度量-学习），使用一种迭代的、假设驱动的方法来开发产品。
- **度量（Metrics）**。SAFe 的首要度量指标是可工作解决方案的客观度量。此外，SAFe 还定义了一些额外的中期度量指标和长期度量指标，团队、ART 和投资组合可以使用这些度量指标来度量进展情况。

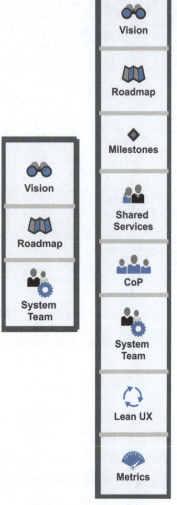

图 2-9　跨层级面板

基础层

基础（foundation）层包含原则、价值观、思维、实施指导，以及领导力角色，从而可以支持在规模化环境中成功地交付价值（如图 2-10 所示）。下面将简要介绍每个基础元素。

图 2-10 SAFe 基础层

- **精益-敏捷领导者**（Lean-Agile Leaders）。管理层对业务成果负有最终责任。领导者接受 SAFe 培训，然后成为这些更精益、更敏捷的思维和运作方式的培训师。为此，SAFe 描述了由企业中新型"精益-思想的管理者-教师"所展示出的一种新型领导风格。

- **核心价值观**（Core Values）。协调一致、内建质量、透明和项目群执行，这四个核心价值观定义了 SAFe 的信仰和价值体系。

- **精益-敏捷思维**（Lean-Agile Mindset）。精益-敏捷领导者是终生的学习者和教师，他们理解、拥抱和促进整个企业的精益和敏捷原则及实践。

- **SAFe 原则**（SAFe Principles）。SAFe 实践基于十个原则，这些原则综合了敏捷方法、精益产品开发、DevOps、系统思维，以及数十年的现场实践经验。

- **实施路线图**（Implementation Roadmap）。对大多数公司来说，转型成为精益-敏捷技术的企业，将会是一场本质性的重大变革。SAFe 提供了一个实施路线图，可以在这个变革旅程中，提供组织实施方面的指导。

- **SAFe 咨询顾问**（SAFe Program Consultant，SPC）。SPC 是经过认证的变革推动者，他们将 SAFe 的技术知识与内在动力相结合，从而改进企业的软件和系统开发过程。

2.4　SAFe实施路线图

SAFe 实施路线图（见图 2-11）提供了一种行之有效的方法，用于实现企业所希望的组织变革。这种变革通常基于约翰·科特（John Kotter）的领导变革八步法模型中所提出的原则。这个路线图可帮助领导者"认清道路"，并努力地将变革引向成功。

虽然不存在两个完全相同的 SAFe 实施案例，并且企业也很少遵循一个完全连续的循序渐进的过程来进行实施；但是，如果当企业遵循类似于 SAFe 实施路线图所示的路径时，通常会获得最佳结果。

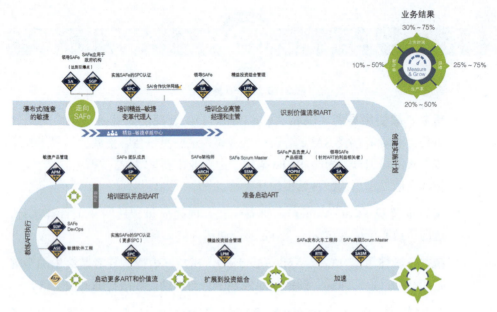

图 2-11　SAFe 实施路线图

2.5　度量和成长

"度量和成长"是我们所使用的一个术语,用来描述如何评估 SAFe 投资组合在实现业务敏捷力过程中的进展,并确定下一步的改进步骤。

它描述了如何度量（measure）一个投资组合的当前状态,以及如何成长（grow）,从而能够提高总体业务成果。

"度量和成长"是通过两个独立的评估机制来完成的;这两个机制的设计,考虑了截然不同的受众和目的。

1. **SAFe 业务敏捷力评估**是为精益投资组合管理（LPM）和投资组合利益相关者而设计的,用于评估其在实现真正业务敏捷力的最终目标方面的总体进展。
2. **SAFe 核心能力评估**用于帮助团队和火车,提高其技术水平和业务实践能力,从而促使投资组合实现更大的目标。

每个评估都遵循一个标准的过程模式,即运行评估、分析结果、采取行动,以及庆祝胜利。

2.6 总结

企业为了能够在数字化时代得以生存，必须采用新的工作方式，而新的工作方式需要基于现有最佳的、行之有效的、最现代化的技术和商业实践。面向精益企业的 SAFe，为负责构建下一代业务解决方案的领导者和实践者，带来了精益、敏捷、DevOps 和系统思考的力量。SAFe 本身是可扩展和可配置的，它还提供了一个实施路线图，用以指导企业沿着实现真正业务敏捷力所需的七个核心能力的道路前进。业务成果包括更快的上市时间、更高的质量和生产率，以及更高水平的员工参与度和动力。

基于这种方式，可以成功地运用 SAFe，通过比竞争对手更快地提供创新的技术和业务解决方案，帮助企业在数字化时代蓬勃发展。

第3章

精益-敏捷思维

> "在成长型思维中,人们相信自己最基本的能力可以通过敬业精神和勤奋工作来培养——聪明才智只是起点。这种观点造就了人们对学习的热爱,以及取得巨大成就所必不可少的韧性。"
>
> ——卡罗尔·德韦克博士(Dr. Carol S. Dweck),
> 斯坦福大学心理学教授、作家

精益-敏捷(Lean-Agile)思维是领导者和实践者的信念、假设、态度和行动的结合,他们接受敏捷宣言(Agile Manifesto)和精益思想(Lean thinking)的概念,并将其应用到日常生活中。

这种思维为采纳和应用规模化敏捷框架(SAFe)的原则和实践提供了基础,并增强了在企业中实现业务敏捷力的文化底蕴。这种思维为领导者提供了支持组织成功转型所需的工具,有助于个人和整个企业实现目标。

3.1 思维意识和对变革的开放态度

思维是我们看待和解释世界的"心理镜头"。思维是人类大脑如何简化、分类和理解每天收到的海量信息的过程。

德韦克博士的话提醒我们,我们的思维方式是实现人生成功和幸福的基础。有了正确的思维,一切皆有可能。

我们的思维是通过一生的结构化学习(课堂学习、阅读)和非结构化学习(生活事件、工作经验)形成的。总之,这种学习深藏在我们的潜意识中,代表着我们长期坚持的信念、态度和假设,影响着我们每天做出的决定和所采取的行动。

因此,我们往往意识不到思维如何影响自己的工作方式和人与人互动的方式。如果思维是由所有这些学习和经验所形成的,那么这个思维可以改变吗?好消息是，德韦克博士说，思维确实可以改变。

接下来的问题就变成了，如何做到这一点？它始于对固定型思维和成长型思维的认识。有些人似乎有一个相对"固定"的思维，而另一些人则更愿意改变和"成长"，如图3-1所示。

例如，许多信念是从商学院和工作经验中发展而来的，它们植根于瀑布式、阶段-门限式和筒仓式的工作方式。以固定型思维对待新情况时，人们就会说，组织就是这样的，无论你做什么，它永远不会改变。具有成长型思维的人则认为，如果你努力工作，根据反馈进行适应，实施个人发展战略，你就可以创造变化。

简而言之，就像亨利·福特（Henry Ford）所说的那样，"无论你认为自己能还是不能——你都是对的。"采用一种新的思维需要一种信念，即新的能力可以通过时间和努力来培养。在这种情况下，领导者必须对这样一种可能性保持开放的态度，认识到基于传统管理实践的现有思维模式需要进行演进，从而指导组织变革，塑造一家精益企业。[1] 接下来的两部分内容，描述了我们需要实现的精益-敏捷思维的关键要素。

图3-1　采用一种新的思维需要一种信念，即新的能力可以通过努力来培养

3.2　思考精益，拥抱敏捷

为了开始这一变革之旅，并将新习惯注入企业文化中，领导者和管理者需要学习并采用精益-敏捷的思维方式（见图3-2）。

---

[1] 艾伦·沃德（Allen Ward）和德沃德·索贝克（Durward Sobeck），*Lean Product and Process Development*（Lean Enterprise Institute，2014）。

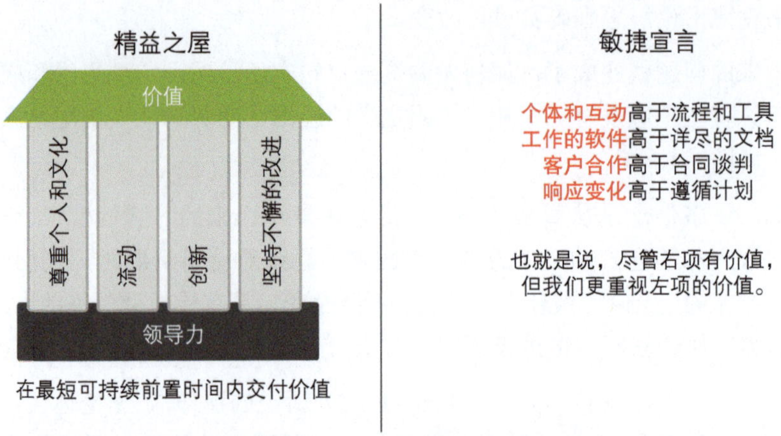

图 3-2　精益-敏捷思维的各个方面

思考精益和拥抱敏捷，结合在一起构成了一种新的管理方法。通过为领导者提供指导成功业务转型所需的概念和信念，这种新的管理方法改善了工作场所的文化。反过来，文化的改变有助于个人和企业实现他们的目标。

思考精益

精益最初发展起来是为了简化生产。[1] 然而，精益思想的原理和实践现在已经深入到产品开发、软件开发和系统开发之中。SAFe 精益之屋（SAFe House of Lean，如图 3-2 所示）的灵感来源于丰田精益之屋（Toyota House of Lean），它旨在简明地介绍以下这些概念。

目标：价值

SAFe 精益之屋的"屋顶"代表价值，其目标是，在最短可持续前置时间内交付最大价值，同时为客户和社会提供尽可能高的质量。高昂的士气、心理安全和生理安全，以及顾客的愉悦感是额外的目标和收益。

支柱 1：尊重个人和文化

尊重个人和文化是精益的基本宗旨。SAFe 能够让人们自己演进相关的实践和改进措施。管理层向员工提出挑战，要求他们做出改变，并可能在这个过程中对他们进行指导。然而，个人和团队要学习问题解决（problem-solving）和反思

---

[1] 詹姆斯·沃麦克（James P. Womack）、丹尼尔·琼斯（Daniel T. Jones）和丹尼尔·鲁斯（Daniel Roos），*The Machine That Changed the World: The Story of Lean Production—Toyota's Secret Weapon in The Global Car Wars that is Revolutionizing World Industry*（Free Press，2007）。

的技能，并负责做出适当的改进。

这种新行为背后的驱动力是一种生成性文化，这种文化的特点是植根于积极、安全和以绩效为中心的环境。[1] 领导者需要拥抱并首先接纳这种文化，建立新的思维方式和行为方式，以供他人学习和遵循。

对个人和文化的尊重也延伸到与供应商、合作伙伴、客户和更广泛的社区的关系；所有这些方面都对企业的长期成功至关重要。当企业真正迫切需要变革时，文化自然就会发生变化。首先，理解并实施 SAFe 价值观和原则。其次，交付成功的结果。文化变革一定会随之而来！

支柱 2：流动

成功实施 SAFe 的关键是建立一个持续的工作流动，这个工作流动基于持续的反馈和调整，并支持增量的价值交付。基于可工作的解决方案，持续的流动能够实现更快的可持续价值交付、有效的内建质量实践、坚持不懈的改进，以及基于事实的治理。

这些流动的原则是精益－敏捷思维的重要组成部分：

- 理解完整的价值流。
- 可视化和限制在制品（Work In Process，WIP）。
- 减少批次规模。
- 管理队列长度。
- 消除浪费和延误。

此外，实现更快的价值流动需要从"启动－停止－启动"式的项目管理流程，转变为一种与长期价值流对齐的敏捷产品交付方法。

通过理解精益－敏捷的原则，并结合新的思想、工具和技术，可以更好地理解开发的流程。领导者和团队可以使用这些原则，从阶段－门限式方法，转换到带有持续交付流水线的 DevOps 方法，该方法将流动延伸到整个价值交付过程。

支柱 3：创新

流动为价值交付奠定了坚实的基础。但如果没有创新，产品和流程都会停滞不前。为了支持 SAFe 精益之屋中这一关键部分，精益－敏捷领导者要做以下工作：

---

1 *Accelerate:The 2018 State of DevOps Report*，参见链接 5。

- 在组织环境中，聘用、教练和辅导具有创新与企业家精神的员工。
- "实地查看"并访问实际的工作场所（即"现场工作（gemba）"），那里是创建和使用产品及解决方案的地方。正如大野耐一（Taiichi Ohno）所说，"没有任何有用的改进是从办公桌上发明的。"
- 为人们提供创新的时间和空间，以实现有目的的创新。在对资源 100% 的使用和每日救火的情况下，这种创新很少发生。SAFe 的创新与计划（Innovation and Planning，IP）迭代，提供了这样一个创新的机会。
- 应用持续探索流程，在这个流程中，不断探索市场和用户需求，获得实验的快速反馈、定义愿景、路线图，并设定一系列可以为市场提供创新的特性。
- 事实是友好的。与客户一起验证创新，然后在事实模式发生改变时，"不带任何怜悯或愧疚地转向"。
- 将战略思维与本地团队的创新结合在一起，创建一个"创新浪潮"——可以推动新产品、新服务和新能力的浪潮。

支柱 4：坚持不懈的改进

坚持不懈的改进是 SAFe 精益之屋的第四个支柱。它通过持续的反思和适应，引导企业成为学习型组织。"持续的竞争危机感"驱使他们积极追求改进的机会。领导者和团队系统地执行以下操作：

- 对组织和开发过程进行整体优化，而不仅仅是局部优化。
- 在整个组织中强化问题解决的思维方式，让所有人都能参与到工作的日常改进中来。
- 在关键里程碑上进行反思，以开放的心态识别和解决各个级别的流程缺陷。
- 应用精益工具和技术，以事实为基础确定问题的根本原因，并迅速采取有效的对策。
- 基于事实进行改进。仔细考虑事实，然后迅速采取行动。

在第 11 章中，将站在另一个视角，针对创新和坚持不懈的改进在实现业务敏捷力中的重要性进行描述。

基础：领导力

与任何重大的组织变革一样，企业的经理、主管与高层管理者对精益－敏捷转型的采纳和成功负有责任。他们的领导力是精益的基础，也是个人、团队和企业成功的起点。成功的领导者将接受这些新型的、创新的思维方式的培训，并展示精益－敏捷领导力的原则和行为。

从领导力的角度来看，精益与敏捷是不同的。敏捷被发展为一个基于团队的过程，面向一小群跨职能、全职的个人，这群人组成一支团队，他们被授权、有技能，并且需要在一个较短的时间盒内构建可工作的功能。然而，管理不是敏捷定义的一部分。但是，将管理排除在新的工作方式之外，该工作方式是无法实现规模化的。

相比之下，在精益实践中，管理者是那些拥抱精益价值观、能够胜任基本实践，并将这些实践传授给他人的领导者。他们积极排除障碍，在支持组织变革和促进坚持不懈的改进方面发挥积极作用。第 5 章就是针对这一主题展开论述的。

拥抱敏捷

当然，精益－敏捷思维的右半部分（见图 3-2）是敏捷。因为敏捷是 SAFe 的关键要素，所以本章的其余部分将专门介绍敏捷的价值观和原则。

简单回顾一下敏捷的历史有助于理解它的意图。在 20 世纪 90 年代，为了应对瀑布式过程的诸多挑战，出现了一些更轻量化、更迭代化的开发方法。2001 年，这些框架的许多思想领袖相聚于美国犹他州的雪鸟山庄。虽然，与会者在各种方法所能产生的具体好处上有争议，但大家一致认为，他们共同的价值观和信念使得这些差异变得微不足道。这次聚会的结果是发表了《敏捷软件开发宣言》（*Manifesto for Agile Software Development*）[1]——这是一个转折点，它阐明了新的方法，并开始将这些创新方法的好处带给整个开发行业。自该宣言首次发表以来，敏捷已经被软件开发以外的领域所采用，包括硬件系统、基础设施、运营和支持等领域。最近，技术之外的业务团队也采用了敏捷原则来计划和执行他们的工作。

敏捷宣言的价值观

图 3-3 显示了敏捷宣言及其所描述的四个价值观。

---

1 敏捷软件开发宣言，参见链接 6。

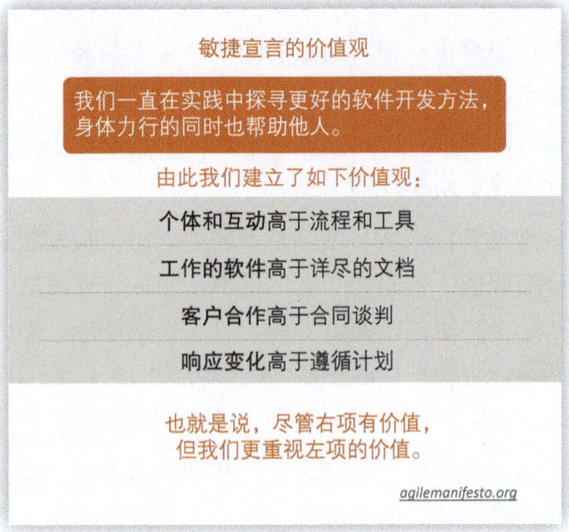

> **敏捷宣言的价值观**
>
> 我们一直在实践中探寻更好的软件开发方法，
> 身体力行的同时也帮助他人。
>
> 由此我们建立了如下价值观：
>
> **个体和互动**高于流程和工具
>
> **工作的软件**高于详尽的文档
>
> **客户合作**高于合同谈判
>
> **响应变化**高于遵循计划
>
> 也就是说，尽管右项有价值，
> 但我们更重视左项的价值。
>
> agilemanifesto.org

图 3-3　敏捷软件开发宣言

我们一直在探寻更好的方法

宣言的第一句话值得强调："我们一直在实践中探寻更好的软件开发方法，身体力行的同时也帮助他人。"

我们这样解释这句话：它在描述一个正在进行中的发现之旅，是一个逐渐拥抱敏捷行为的没有终点的旅程。SAFe 不是一个固定的、被冻结的框架。随着我们发现了更好的工作方式，会对框架进行调整。在写这本书时，SAFe 已经发布了超过六个主要版本，也证明了这一点。

我们在哪里发现价值

我们稍后会讨论这些价值观，但宣言的最后一句话也很重要，有些时候它会被忽视："也就是说，尽管右项有价值，但我们更重视左项的价值。"

有些人可能会将价值观声明误解为二选一（例如，工作的软件与详尽的文档），但这不是其本意。两项都有价值；但是，左项更有价值（即工作的软件）。敏捷宣言不是死板的或教条的。相反，它包含了根据上下文平衡价值的需要。

个体和互动高于流程和工具

戴明指出，"如果你不能把自己正在做的事情描述为一个流程，就不知道自己在做什么。"因此，Scrum、看板（Kanban）和SAFe等框架中的敏捷流程确实很重要。然而，流程只是达到目的的一种手段。当我们受制于一个不起作用的流程时，就会造成浪费和延误。因此，我们更倾向于个体和互动，然后再相应地修改流程。

在分布式工作环境中，工具对于协助进行通信和协作（例如，视频会议、短信、ALM[1] 工具和 Wiki）至关重要。在规模化场景中尤其如此。但是，工具应该是对面对面交谈的补充，而非取代面对面的交谈。

工作的软件高于详尽的文档

文档很重要，而且有价值。但是，为了遵守可能已经过时的公司治理模型而创建文档，则没有任何价值。治理作为变革项目的一部分，通常体现在文档标准中，它需要进行更新以反映精益 - 敏捷的工作方式。与其过早地创建详尽的文档（尤其是错误的文档），不如向客户展示工作的软件以获取反馈的信息，这样更有价值。因此，我们更倾向于工作的软件，而且只记录必要的东西。

客户合作高于合同谈判

客户是价值的最终决定者，他们的紧密合作对开发流程至关重要。为了传达每一方的权利、责任和对经济问题的关注，合同通常是必要的——但要认识到，合同可能会过度控制人们做什么以及如何做。无论合同写得多好，都不能取代常规的交流、协作和信任。此赢彼输的合同，通常会导致更糟糕的经济效益和彼此不信任，使得合同双方建立的是短期关系，而不是长期的商业伙伴关系。相反，合同应该是更倾向于客户合作的双赢主张。

响应变化高于遵循计划

变化是开发流程必须反映的现实。精益 - 敏捷开发的优势在于它拥抱变化的方式。随着系统的演进，人们对问题和解决方案领域的理解也在演进。业务利益相关者的知识也会随着时间的推移而增长，客户需求也会随之发生变化。事实上，这些理解上的变化为我们的系统增加了价值。

当然，宣言中的"高于遵循计划"表明，其实敏捷开发是有一个计划的！计划是敏捷开发的重要组成部分。的确，与使用瀑布式流程的同行相比，敏捷团队和 ART 团队的计划更频繁、更持续。当学习了新的知识、获悉了新的信息，以及环境发生变化时，计划就应该相应地进行调整。

---

1 ALM：应用生命周期管理。

敏捷宣言的原则

敏捷宣言（见图 3-4）有 12 条原则，对敏捷的价值观起到了支持作用。[1] 这些原则将敏捷宣言的价值观进一步向前推进，并具体描述了敏捷的含义。

这些原则大部分是不言自明的。除了要介绍如何在规模化场景中应用敏捷宣言外，我们无须详细说明这些原则。下面将介绍如何在规模化场景中应用敏捷宣言。

将敏捷宣言中的价值观与原则结合起来，就组成了一个框架，这个框架就是雪鸟会议的与会者所认同的敏捷精髓所在。这种新的思维方式和工作方式所带来的非凡商业收益与个人利益，对这个行业更为有利。我们对此表示感谢。

敏捷宣言的原则

1. 我们最重要的目标是，通过持续不断地及早交付有价值的软件使客户满意。
2. 欣然面对需求变化（即使在开发后期也一样）。为了客户的竞争优势，敏捷过程掌控变化。
3. 经常地交付可工作的软件（相隔几星期或一两个月，倾向于采取较短的周期）。
4. 业务人员和开发人员必须相互合作，项目中的每一天都不例外。
5. 激发个体的斗志，以其为核心搭建项目。提供所需的环境和支援，辅以信任，从而达成目标。
6. 无论团队内外，传递信息的效果最好、效率也最高的方式都是面对面的交谈。
7. 可工作的软件是进度的首要度量标准。
8. 敏捷过程倡导可持续开发。责任人、开发人员和用户要能够共同维持其步调稳定延续。
9. 坚持不懈地追求技术卓越和良好设计，敏捷能力由此增强。
10. 以简洁为本，它是极力减少不必要工作量的艺术。
11. 最好的架构、需求和设计出自自组织团队。
12. 团队定期地反思如何能提高成效，并依此调整自身的举止表现。

agilemanifesto.org

图 3-4　敏捷宣言的原则

---

1 参见链接 7。

3.3 在规模化场景中应用敏捷宣言

发起这场大规模运动的敏捷宣言已经有多年的历史了。自问世以来，敏捷宣言一个字都未曾改变。因此，考虑到过去这些年的所有进步，我们不禁发出这样的疑问：敏捷宣言仍然适用吗？是否应当把它当作已经完成自身使命的历史文献呢？

更重要的是，敏捷是为小型的、快速移动的、纯软件团队定义的。这就提出了另一个值得思考的问题：敏捷宣言可以规模化吗？它是否满足企业开发最大、最复杂的软件和系统的需要呢？它是否满足那些需要数百人构建并且无法承受高失败成本的系统的需求呢？

对于这些问题，与其由我们自己判断，不如去询问那些积极参与新系统建设的人们，让他们来评估敏捷宣言的实用性。具体来说，我们让 SAFe 的学员在课堂上做下面这项练习，如图 3-5 所示。

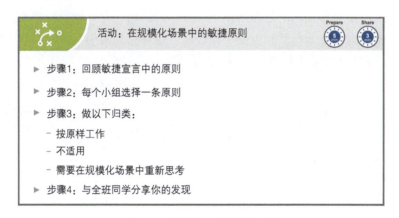

图 3-5　敏捷宣言的课堂练习

上述练习的典型回答如下：原则 1、3、5、7、8、9、10 和 12 都是"按原样工作"。从这个练习得出的结论就是，大多数敏捷原则无须重新思考就可以应用在规模化场景之中。并且实际上在规模化场景中，甚至需要更加强调对这些原则的应用。其他几条原则通常会引发更多讨论，如下所示：

- **原则 2——欣然面对需求变化（即使在开发后期也一样）。为了客户的竞争优势，敏捷过程掌控变化。**对这条原则的意见是"依情况而定"。在某些情况下，对于有些需求类型的后期修改所产生的变更成本会很高，这就会造成执行这个修改是不可行的。例如，我们能在发射前的几个月，改变地球物理卫星的光学分辨率吗？恐怕不行，除非它完全由软件驱动。

- 原则4——业务人员和开发人员必须相互合作，项目中的每一天都不例外。虽然我们完全同意这种观点，但如果需要从大型项目的客户处获取每日现场反馈的话，其经济实用性和便利性就存在着限制。

- 原则6——无论团队内外，传递信息的效果最好、效率也最高的方式都是面对面的交谈。每个人都赞同这条原则的观点。通过迭代计划会和定期面对面的项目群增量（PI）计划会，SAFe在一定程度上做到了这一点。这些活动满足了在规模化场景中有效沟通的许多需要。

- 原则11——最好的架构、需求和设计出自自组织团队。在参加讨论的学员中，几乎每个人都同意这条原则——这条原则取决于你如何定义一个团队，以及决策的主题和范围！每个人都认为，当你把一个敏捷发布火车（ART）看作一个团队时，增加一些架构和其他治理，绝对可以创建最好的需求和设计。

通过这个练习可以得出的结论是，敏捷宣言同样适用于规模化场景。然而，大多数原则需要更加强调的是在规模化场景中的应用，而其他原则需要更广泛的视角。敏捷宣言在今天仍然和以往一样适用，也许更加适用。我们很幸运能够拥有它，并且它在SAFe中起着至关重要的作用。

SAFe在整个框架中整合了敏捷宣言和精益的价值观与原则。精益-敏捷领导者会通过自学、培训、应用所学到的知识，并与同行讨论"突破和挑战"来获得深入的知识，从而推动SAFe的采用。领导者也支持他们的团队接受精益-敏捷思维，提供培训和指导，并成为其他人效仿的榜样。

3.4 总结

思维驱动着人们的行为和行动。要转向精益-敏捷开发的范式，通常需要改变思维方式。与传统方式相比，精益-敏捷不仅实践不同，而且整个信念体系（包括核心价值观、文化，以及领导力哲学）都是不同的。要开启精益-敏捷之旅，并在文化中灌输新的习惯，每个人都需要采用SAFe、精益思想，以及敏捷宣言所提出的价值观、思维和原则。这种新的思维方式为成功的精益-敏捷转型奠定了基础。

第4章

SAFe原则

> "人们总是觉得'我们的问题与众不同',这其实是一个常见的错误,它困扰着全世界的管理者。大家的问题确实各不相同,但有助于提升产品和服务质量的原则在本质上却是相同的。"
>
> ——W·爱德华兹·戴明(W. Edwards Deming)

4.1 为什么要关注原则

规模化敏捷框架(SAFe)基于一系列精益-敏捷原则,这些原则作为核心信念、基本真理,以及经济价值,驱动着有效的角色和实践。SAFe 是基于原则的,因为原则是永恒的。无论在什么情况下,这些原则都经得起时间的考验,是普遍适用的。原则指导 SAFe 实践,而实践是一种特定的活动、行动或完成某一事情的方式。

但是,在一种情况下有效的实践,未必适用于另一种情况,或者未必在另一种情况下有效。因此,企业在应用 SAFe 实践之前,需要理解 SAFe 的基本原则。本章将介绍以下 SAFe 的精益-敏捷原则。

1. 采取经济视角。
2. 运用系统思考。
3. 接受变异性,保留可选项。
4. 通过快速集成学习环,进行增量式构建。
5. 基于对可工作系统的客观评价设立里程碑。
6. 可视化和限制在制品,减少批次规模,管理队列长度。
7. 应用节奏,通过跨领域计划进行同步。

8. 释放知识工作者的内在动力。
9. 去中心化的决策。
10. 围绕价值进行组织。

4.2 原则1：采取经济视角

你可能会忽略经济，但经济不会忽略你。

——唐·赖纳特森（Don Reinertsen），
Principles of Product Development Flow

要在最短可持续前置时间内为人类和社会提供最好的价值和质量，就需要对所构建系统的经济状况有基本的了解。每天所做出的决策必须符合当时的经济上下文。针对这一原则，有两个精益-敏捷的实践至关重要：一个是增量式、尽早和经常地交付；另一个是应用一个全面的经济框架。

尽早和经常地交付

大多数组织都会拥抱精益-敏捷开发，因为他们现有的流程无法产生所需要的成果，或者因为他们预见到这些流程将来也会失效。通过选择精益-敏捷的道路，企业正在接受一种模式，这种模式基于增量式开发，并能尽早且持续不断地交付价值，如图4-1所示。

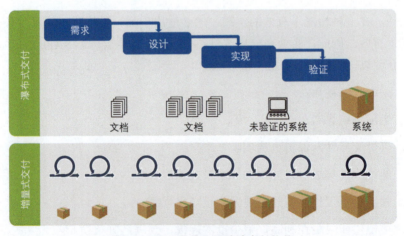

图4-1 转向尽早和持续地交付价值

具有尽早和经常交付的能力，将会得到直接的经济收益，如图4-2所示。

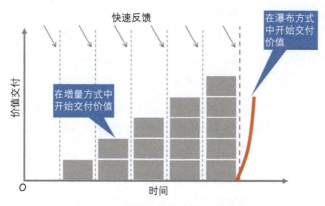

图 4-2 增量式交付中的累积价值

图 4-2 显示了精益－敏捷方法如何在流程的早期为客户交付价值，并随着时间的推移累积交付额外的价值。相反，在瀑布式模型中，直到开发周期结束后，价值才开始累积交付。而且，图 4-2 中甚至没有考虑到在精益－敏捷方法中反馈速度快得多的优点，也没有考虑瀑布式交付不能按时完成的可能性。简单地说，即使是一个完美执行的瀑布项目（实际上并不多见），也无法与敏捷方法进行经济收益上的竞争。

此外，只要质量足够好，则早期向市场提供的产品和服务，通常比稍后交付的产品和服务有价值。毕竟，如果这些产品在竞争中领先，那么它们是非常值钱的（因为无法从其他任何人那里买到）。对早期购买者来说，即使是一个最小可行产品（Minimum Viable Product，MVP），也可能比后来交付功能更全面的产品有价值。

应用一个全面的经济框架

每个 SAFe 投资组合都需要一个经济框架——这是一组决策指导方针，这些方针使每个人都与投资组合的财务目标保持一致，并为决策过程提供信息。毕竟，团队和敏捷发布火车（ART）每天都会做出许多决策，从而影响经济成果。如果没有适当的指导方针，则自组织团队只会做出"最佳猜测"，其结果是，将会导致与系统的核心经济状况不一致的选择，从而可能引发技术债务、返工、浪费和不适合使用等问题。

SAFe 的经济架构包含以下四个主要元素：

- **在精益预算和护栏范围内运营。**这些护栏（guardrail）包括用地平线（horizon）指导投资，通过容量分配优化价值和解决方案完整性，批准重大举措（投资组合史诗），以及业务负责人的持续参与。

- **理解解决方案的经济权衡。** 参与构建解决方案的每个人都需要了解开发费用、前置时间、产品成本、价值和风险之间的权衡。改变这五个变量中的任何一个都可能对其他一个或多个变量产生影响。了解每个变量如何影响其他变量，对于做出正确的决策至关重要。
- **利用供应商。** 外包可以提供一种经济高效的方式来增加人员（尤其在需求是临时的或需求变化很大的情况下）。供应商可能会提供解决方案所需的特定硬件、软件或技能。
- **对作业进行排序，以实现最大收益。** 在基于流动的系统中，对作业排序而不是基于投机性的投资回报进行优先级排序，会产生最好的经济成果。为此，使用加权最短作业优先（Weighted Shortest Job First，WSJF），通过计算相对的延迟成本（Cost of Delay，CoD）和作业持续时间来确定产品待办事项列表的优先级。

4.3　原则2：运用系统思考

"系统必须被管理，系统不会进行自我管理。如果让其自我管理，各个组件就会变成自私、独立的利润中心，从而破坏系统……系统管理的奥秘，就是各组件之间为实现组织目标而进行的协作。"

——W·爱德华兹·戴明（W. Edwards Deming）

戴明注意到，要应对职场和市场的挑战，就需要了解工作者和用户在其中工作的系统。这些系统是复杂的，由许多相互关联的组件组成。但是优化一个组件并不能优化系统。要改进系统，每个人都必须了解这个系统的更大目标。在SAFe中，系统思考被应用于正在开发的解决方案，以及构建系统的组织。

图 4-3 说明了系统思考的三个主要方面。

图4-3　系统思考的三个主要方面

理解这些概念可以帮助领导者和团队驾驭一些复杂性的元素，包括解决方案开发、组织，以及总体上市时间全局视图。以下各节将介绍这几个方面的内容。

解决方案是一个系统

每个价值流产生一个或多个解决方案，这些解决方案是交付给内部或外部客户的产品、服务或系统。当谈到这些系统时，戴明的名言"系统必须被管理"，可以引出以下的重要观点：

- 团队成员应清楚地了解系统的边界，以及系统如何与周围的环境、其他系统进行交互。
- 优化一个组件并不会优化整个系统。
- 一个系统的价值会通过与它互连的元素进行传递。
- 一个系统的演进速度无法超过它最慢的集成点。

构建系统的企业也是一个系统

系统思考的第二个方面是，开发系统的组织中的人员、管理和流程也是一个系统。对于"系统必须被管理"的理解，在这个场景中也同样适用。否则，组织中构建系统的这些组件，只会进行局部优化而变得"自私"，从而限制价值交付的速度和质量。虽然，在系统思考中可以直接使用这些观点，但是也有另外一些问题需要加以考虑：

- 由于构建系统是一项社会化工作，因此领导者应该创造一个环境，使人们可以协作构建更好的系统。
- 供应商和客户都是价值流不可或缺的组成部分。在长期信任的基础上，企业需要将他们视为合作伙伴。
- 优化单个团队或职能部门，并不能增强价值在企业中的流动。
- 加速价值流动需要消除筒仓，创建跨职能的组织，如 ART 和解决方案火车。

理解并优化整个价值流

价值流是 SAFe 的基础。一个 SAFe 投资组合就是一个开发价值流的集合，每个开发价值流向市场交付一个或多个解决方案。每个价值流（见图 4-4）由一系列步骤组成，从而通过新系统或现有系统来集成和部署一个新的概念。

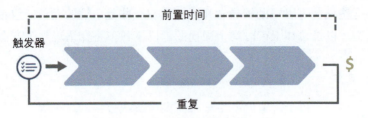

图 4-4　解决方案的开发价值流

理解并优化整个价值流，这是系统思考的第三个方面，它可以减少"从概念到金钱"的整体时间，而且是唯一的途径。[1]

只有管理者能够改变系统

> 每个人都已经尽了最大努力；问题存在于系统之中……只有管理者才能够改变系统。
>
> ——W·爱德华兹·戴明（W. Edwards Deming）

戴明的名言，为我们提供了一套真知灼见。系统思考也需要一种新的管理方式。具备精益思想的管理者必须是有系统视角的问题解决者，他们必须把眼光放得更加长远一些，积极主动地清除障碍，并引领必要的组织变革，以此来改进限制绩效的系统。他们展示和教授系统思考和精益-敏捷的价值观、原则与实践。此外，这些领导者培养了一种持续学习文化，包括在运用系统思考中坚持不懈改进。

4.4　原则3：接受变异性，保持可选项

> "对于系统级设计和子系统概念，生成多种可选的方案。而不是过早地选择一个胜出的方案，然后刻意地排除其他选择。幸存下来的设计，才是你最可靠的选择。"
>
> ——艾伦·C·沃德（Allen C. Ward），
> *Lean Product and Process Development*

传统的设计和生命周期实践，鼓励人们在开发过程中非常早的时候，就选择单一的设计选项和需求选项。不幸的是，如果这个选择被证明是错误的，那么人

---

[1] Mary Poppendieck and Tom Poppendieck, *Implementing Lean Software Development* (Addison-Wesley, 2006).

们未来将花费大量的时间用于进行调整，而且还可能导致不良的后果。

如图4-5所示，把传统中基于点的设计方法和基于集合的设计（Set-Based Design，SBD）方法进行了对比。在SBD中，开发人员在开始时考虑多种设计选项。之后，根据基于集成的学习点所展示的客观证据，他们持续对经济和技术方面的利弊进行评估。然后随着时间的推移，开发人员会排除比较不靠谱的选项，并基于截至当前所获得的知识，形成最后的设计。这种方法的结果是可以获得更好的设计和经济效益。

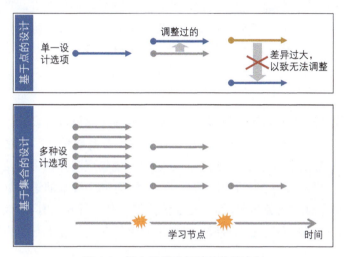

图4-5　转向尽早和持续的价值交付

4.5　原则4：通过快速集成学习环，进行增量式构建

> "集成点的主要作用在于控制产品开发，并且集成点是改进系统的关键支点（杠杆点）。当集成点的时间安排出现偏差时，项目就会陷入困境。"
>
> ——丹特·P·奥斯特沃（Dantar P. Oosterwal），
> *The Lean Machine*

在传统的阶段-门限式开发方法中，项目一开始就立刻投入成本，随后成本逐渐累积，直到解决方案得以交付。通常，在所有承诺的特性都可用之前，或者在项目耗尽了时间或金钱之前，项目很少交付实际价值，或者根本没有交付实际价值。更重要的是，开发过程本身的设置或实现，并不允许客户评估增量式交付的能力。因此，直到团队项目结束，也就是，直到团队最终获得了关于特性适合与否的反馈之际，风险都会一直存在。

集成点从不确定性中获得知识

精益原则和实践从一系列需求和设计选项（原则3）入手，以不同的方式处理问题，在一系列较短的时间盒（迭代）中逐步构建解决方案时，要考虑这些需求和设计选项。每次迭代都产生一个可工作的系统增量，这个增量可被评估。后续版本在前面增量的基础上进行构建，并且解决方案会不断演进，直到发布。从集成点获得的知识，有助于分析技术可行性，也可以用作最小可行的解决方案或原型，以测试市场、验证可用性并获得客观的客户反馈。

集成点按意图发生

开发过程和解决方案架构，都必须针对频繁的集成点进行设计。每一个集成点都会创建一个"拉动事件"，该事件将各种解决方案要素（即使这个方案只解决了一部分系统意图）拉入一个集成的整体中。集成点同样也将利益相关者拉到一起，创建一个例行的同步活动，这个同步活动有助于确保演进的解决方案能够满足实际的和当前的业务需要，而不是仅仅依赖于在项目开始时建立起来的假设。通过将不确定性的内容转化成知识，每个集成点都会交付解决方案的价值。

通过更快的周期更快地学习

如图4-6所示，说明了集成点是如何加强基础的"计划-执行-检查-调整"（Plan–Do–Check–Adjust，PDCA）这一科学的学习过程的。这个过程有助于控制解决方案开发的变异性。就像科学的发展一样，这个系统的每次循环都会有一个提升。

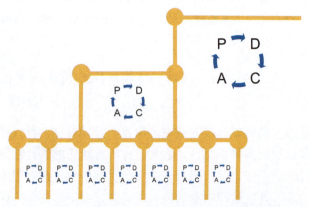

图4-6　嵌套的、协调的集成点采用固定的节奏按意图发生

此外，集成点越频繁，学习的速度就越快。在复杂系统中，本地集成点用于确保每个系统元素或能力（capability）都能履行自身的职责，为总体解决方案意图做出贡献。然后将这些本地集成点集成到下一个更高的系统层级。系统规模越大，这样的集成层级就越多。集成发生得越频繁，你学习的速度就越快。

4.6　原则5：基于对可工作系统的客观评价设立里程碑

> 实际上，按时完成"阶段－门限"的交付，与项目的成功并无关系……但有些数据表明，反过来却是相关的。
>
> ——丹特·P·奥斯特沃（Dantar P. Oosterwal），
> *The Lean Machine*

当今，要构建大规模的系统需要大量的资金投入。业务负责人、客户和开发人员需要进行协作，以确保在整个开发过程中有意识地去处理当初所计划的投资回报；而不能只是希望等到最后，一切问题都能解决。

然而，如图4-7所示，许多公司依赖于顺序的、阶段－门限式的开发流程来评估进度、降低风险和管理投资风险，但事实上，这种模式并不奏效。因为这种模式有内在的缺陷。阶段－门限模型的假设是，存在一个"单点（已知）的解决方案"，并且需求不会随着开发的进行而发生改变。更糟糕的是，在大多数情况下，在阶段－门限处，甚至没有一个部分可工作的解决方案来证明实际的进展。因此，直到最后，利益相关者才知道真正的进展，而在最后时刻所进行的解决方案集成和测试，通常会导致大量的返工和进度延迟。

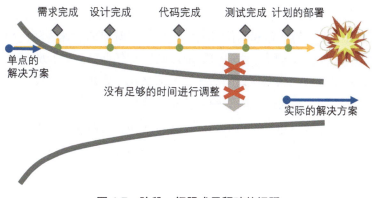

图4-7　阶段－门限式里程碑的问题

将里程碑建立在客观证据的基础上

与阶段-门限的模型不同，SAFe 中的开发里程碑涉及各个开发步骤（需求、设计、开发、测试）的一部分，并共同产生价值增量。此外，这是一个按节奏进行的常规工作，这个节奏提供确保功能定期可用并进行定期评估所需的规则，以及预定的时间边界，从而可以用来去掉那些不太靠谱的选项。

在这些关键集成点上进行度量的内容，取决于所构建系统的性质和类型。但关键在于，在整个解决方案开发生命周期中，利益相关者可以频繁地对系统进行客观的度量、评估和评价。这提供了构建系统时所需要的财务、技术和适用性治理，从而确保企业对解决方案的持续投资是具有经济意义的。

4.7　原则6：可视化和限制在制品，减少批次规模，管理队列长度

"接近满负荷地运行产品开发流程是一场经济灾难。"

——唐·赖纳特森（Donald Reinertsen）

为了实现最短可持续前置时间，精益企业努力实现一种持续流动的状态，这使其可以快速地将新的系统特性"从概念转换为金钱"。这需要有足够的人力和资源来应对不可预见的事件。除了容量，实现流动性还有三个关键点，下面将逐一介绍这些关键点。

可视化和限制在制品

如果让团队和 ART 超负荷工作，则工作量会超出合理完成工作所需的程度，这时就会产生过多的在制品（WIP），从而使优先级混乱，导致频繁的上下文切换，并增加工作投入的开销和等待时间。就像高峰时段的高速公路一样，如果在制品（WIP）超出了系统所能处理的范围，则没有任何好处。经验表明，过多的 WIP 推动了高使用率，从而导致团队无法响应变化、人员精疲力竭、产品发布延迟、企业利润减少，并使得组织的经济效益不佳。

解决该问题的第一步是让当前的在制品（WIP）对所有的利益相关者清晰可见。如图 4-8 所示，这个简明看板板（Kanban board）展示了一个如何进行可视化的示例。

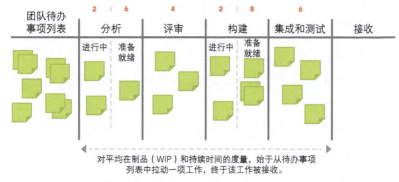

图 4-8　看板板（Kanban board）示例

看板板（Kanban board）展示了每个开发状态的总工作量，并可帮助团队识别瓶颈。在某些情况下，简单地将工作进行可视化，就能有助于解决启动的工作过多，而完成的工作不足的问题。如果任何状态达到了 WIP 的上限，就不再启动新的工作任务，直到解决了瓶颈问题，这样可以使流动性得到显著提升。建立 WIP 限制，可以平衡需求和可用的容量。

减少批次规模

另一种提高流动性的方法是减少工作的批次规模。小批次流过系统的速度更快，完成时间更可预测，这促进了更快的学习和更快的价值交付。如图 4-9 所示，从经济角度来看，最优的批次规模取决于持有成本（库存、延迟反馈、交付价值，这三者所产生的成本）和交易成本（对批次进行计划、实现和测试所产生的成本）。

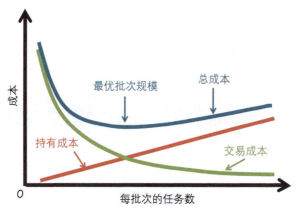

图 4-9　总成本是交易成本与持有成本的总和

为了提高处理较小批次工作的经济效益，同时提高吞吐量和可靠性，减少交易成本是至关重要的。这项成本通常需要增加在基础设施和测试自动化（包括持续集成、测试驱动开发，以及 DevOps 等实践）上的投资。

管理队列长度

提高流动性的最后一个方面，是管理和减少队列长度。长队列的工作会产生各种各样的不良结果：

- **周期时间更长**。新的工作项进入队列的等待时间会更长。
- **风险增加**。队列中的工作项（如需求）的价值，会随着时间而衰减。
- **变异性增加**。每一个工作项都有一定的变异性，工作项越多，整体的变异性就越大。
- **士气降低**。一个非常长的工作队列会降低人们的紧迫感。

相反，减少队列长度可以减少延迟、减少浪费，并提高产品的质量和对成果的可预测性。利特尔法则（Little's law，排队论的基本法则）告诉我们，队列中一个条目的平均等待时间，等于平均队列长度除以平均处理效率。

在星巴克排队买咖啡的经历告诉我们，队列越长，等待的时间也越长。这也告诉我们，只有两种选择可以减少等待时间：减少队列长度（例如，开通更多队列），或者提升处理效率（更快地煮咖啡）。提升处理效率（事情做得更快）确实是有用的，但是，在真正影响吞吐量之前，处理效率的提升可能会达到极限。所以，减少等待时间最快的方法是减少队列长度。保持较短的待办事项列表，并对其中的大部分内容不做承诺，会有助于实现这一目标。可视化待办事项列表也会非常有帮助。

将可视化和限制在制品（WIP）、减少批次规模，以及管理队列长度三个要素结合起来，可以在吞吐量、质量、客户满意度，以及员工参与度等方面实现可度量的提升。

4.8 原则7：应用节奏，通过跨领域计划进行同步

> "节奏和同步，可以限制变异性的累积。"
>
> ——唐·赖纳特森（Donald Reinertsen）

解决方案开发本质上是一个不确定的过程。如果并非如此，那么解决方案就早已经存在了，下一代的创新也就没有空间了。企业的需要是，管理投资、跟踪

进度，对未来的结果有足够的信心来规划和承诺一个合理的行动方案。而解决方案的不确定性与企业的这些需要是相互冲突的。

敏捷开发在一个"安全区域"中发挥着最好的作用，在这个"安全区域"中，足够的不确定性提供了组织追求创新和对事件做出反应的自由，同时也为组织提供了信心，以实现业务所需要的运营工作。达到这种平衡的主要途径，是对当前状态要有一个客观的认识。而获得这些认识的方式是，应用节奏和同步，以及周期性的跨领域计划。

- **节奏（Cadence）** 使所有可以成为常规工作的事情都变成常规工作，这样团队就可以专注于管理解决方案开发的可变部分。
- **同步（Synchronization）** 允许在同一时间内产生多种方案的视角，提供对问题的理解、解决和集成。

如图 4-10 所示，强调了节奏和同步的多种益处。

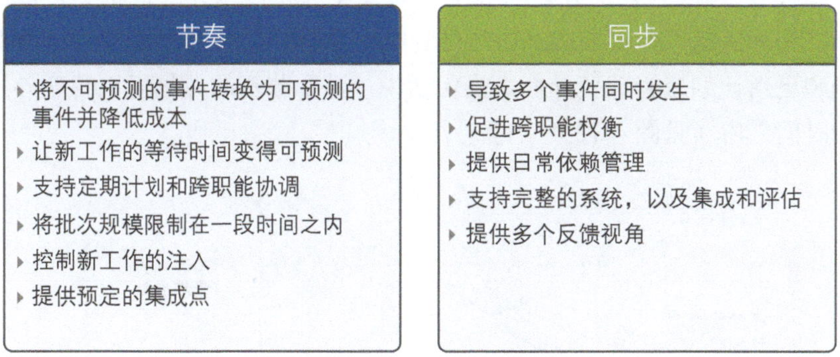

节奏	同步
▸ 将不可预测的事件转换为可预测的事件并降低成本	▸ 导致多个事件同时发生
▸ 让新工作的等待时间变得可预测	▸ 促进跨职能权衡
▸ 支持定期计划和跨职能协调	▸ 提供日常依赖管理
▸ 将批次规模限制在一段时间之内	▸ 支持完整的系统，以及集成和评估
▸ 控制新工作的注入	▸ 提供多个反馈视角
▸ 提供预定的集成点	

图 4-10　节奏和同步的益处

总之，尽管解决方案存在固有的不确定性，但节奏和同步可以帮助开发团队自信地前进。

对齐开发节奏

如图 4-11 所示，说明了每个团队都在以相同的节奏进行"冲刺"，多个团队可以按照可预测的进度，对解决方案进行演进、集成和演示。这样就提升了团队对于解决方案的对齐、沟通、协调和集成。

然而，赖纳特森指出，"按节奏交付"完全是另外一回事，它需要范围或容量空间（缓冲区）。ART 需要谨慎地制订计划，以满足基于日期的承诺，这就需要一定的范围或容量空间——你将在 SAFe PI 计划和承诺流程的许多元素中看到这一点。

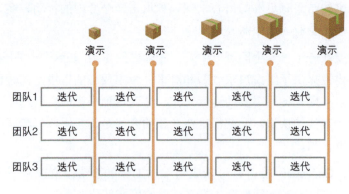

图 4-11　定期的系统演示所支持的共同节奏

通过跨领域计划进行同步

除了共同的节奏，周期性的跨领域计划〔项目群增量（Program Increment，PI）计划〕，也可以为解决方案的各个方面（业务和技术）提供机会，以便能够在同一时间内进行系统的集成和进展的评估。这样，就能帮助团队通过频繁地再次回顾和更新计划来管理变异性。换句话说，基于节奏的计划可以将变异性限制在一段时间之内（见图 4-12）。

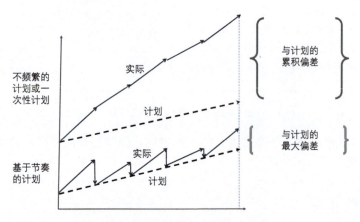

图 4-12　基于节奏的计划限制了变异性

PI 计划对于 SAFe 至关重要，它主要有三个目的：

- 它是一个里程碑，可以用来评估当前解决方案的状态。
- 它将所有利益相关者重新对齐到共同的技术和业务愿景上。
- 它使团队对下一个 PI 做出计划和承诺。

有了同步的跨领域计划，业务就有了当前正在进行的计划，从而可以采取适当的行动。此外，大规模系统的开发从根本上说是一种社会化活动。这一计划活动提供了一个持续的机会，以创建和提升用来构建解决方案的社交网络。总之，节奏和同步（以及相关的活动）有助于减少不确定性，并管理解决方案开发中固有的变异性。

4.9 原则8：释放知识工作者的内在动力

> 知识工作者比他们的老板更了解自己所从事的工作。
>
> ——彼得·德鲁克（Peter Drucker）[1]

德鲁克对知识工作者的定义不禁让我们产生了一个疑问——管理者面对比自己更了解系统的员工，如何才能认真地尝试监督、思考、协调这些员工的技术工作呢？简而言之，他们做不到。相反，对于管理者而言，释放知识工作者的内在动力，将会更加有好处，下面将介绍一些例子。

利用系统思考

利用系统思考使知识工作者能够看到全局视图，跨越职能边界进行沟通，基于解决方案的经济效益做出决策，并获得关于解决方案可行性的快速反馈。他们可以参与持续的、增量式的学习，并掌握知识，还可以为一个更加高效、更加令人满意的解决方案开发流程做出贡献。

理解薪酬的作用

许多组织仍然接受那些过时的假设，比如，需要管理员工的潜能，以及激励员工的个人工作绩效。尽管越来越多的证据表明，短期激励和绩效薪酬计划并不奏效，而且往往会造成损害，但这些组织仍在继续推行这些措施或执行类似的衡量标准。像平克[2]和德鲁克[3]这样的作者，都强调了知识工作者薪酬的核心悖论——如果企业不能付给员工足够的报酬，员工就不会有动力。但到了一定程度之后，增加激励性薪酬会将员工的注意力转移到金钱上，而不是工作上，从而导致员工的绩效下降。精益-敏捷领导者很清楚，无论是金钱，还是那些显而易见的威胁、施压或恐吓，都不能激发员工的创意、创新和对工作的深层投入。具体来说，以个人目标为基础的金钱激励，会导致有害的内部竞争，甚至有可能破坏必要的合

---

[1] 彼得·德鲁克（Peter Drucker），*The Essential Drucker*（Harper-Collins，2001）。
[2] 丹尼尔·平克（Daniel Pink），*Drive：The Surprising Truth About What Motivates Us*（Riverhead Books, 2011）。
[3] 彼得·德鲁克（Peter Drucker），*The Essential Drucker*（Harper-Collins，2001）。

作，乃至无法实现更加宏伟的目标。

创建一个平等互助的环境

平等互助的环境可以使知识工作者获得激励，并可以促进领导者给予授权。领导者可以通过给予员工诚恳的支持性反馈、表现出变得更为弱势的意愿，并鼓励员工按照如下的方式开展工作，以创建一个良好的平等互助环境。[1]

- 在适当的时候提出反对意见。
- 鼓励员工坚持自己的立场。
- 让员工明确自己的需求并努力实现。
- 与管理者和员工共同开展问题解决活动。
- 协商、妥协、同意和承诺。

提供具有目的、使命和最小可能约束的自主性

丹尼尔·平克，以及其他许多人的工作帮助我们了解到，存在三个主要因素，可以让知识工作者深度参与工作。[2]

- **自主性（autonomy）**是一种自我指导或管理自己生活的渴望。在知识工作方面，自我指导是更好的方式。
- **精通（mastery）**是人们在职业生涯中成长和获得新技能的内在需要，这些技能使他们能够做出更高水平的贡献。
- **目的（purpose）**是为了把企业的目标与工作者的日常活动联系起来。这使他们的工作更有意义，并将工作者的个人目标与公司使命联系起来。

精益-敏捷领导者需要理解这些概念，并努力不断地创建一个环境，让知识工作者能够将自己的工作做到最好。

4.10 原则9：去中心化的决策

由知识工作者自己来决定如何开展自己的工作，这是最佳的方式。

——彼得·德鲁克（Peter Drucker）

---

1 David L. Bradford 和 Allen Cohen，*Managing for Excellence: The Leadership Guide to Developing High Performance in Contemporary Organizations*（John Wiley and Sons，1997）。
2 丹尼尔·平克（Daniel Pink），*Drive：The Surprising Truth About What Motivates Us*（Riverhead Books，2011）。

在最短可持续前置时间内交付价值需要去中心化的决策。任何上升到更高权力级别的决策，都会带来延迟，这可能会降低决策过程的有效性。相比之下，去中心化的决策受益于本地环境，减少了延迟，并提升了产品开发的流动性。它可以实现更快的反馈、更具创新性的解决方案，以及更高级别的授权。

战略决策中心化（集中）进行

当然，不是每一个决策都应该是去中心化的。有些决策具有战略意义，影响深远，并且在很大程度上超出了团队的知识和职责范围。这样一来，我们的结论就是，有些决策应该是中心化（集中）进行的。一般来说，这类决策有如下特性：

- **频率不高**。这些决策并不经常做出，通常也不是紧急的。因此，适合更深层次的考虑。
- **长期有效**。一旦做出决策，不太可能改变。
- **提供显著的规模化经济效益**。这些决策带来了巨大而广泛的经济效益。

领导者负责制定这些类型的决策，并得到那些受决策所影响的人的支持。

其他决策去中心化（分散）进行

然而，大多数的决策都没有达到战略重要性的门槛。因此，所有其他决策都应该是去中心化（分散）进行的。做出这些决策的人，应该更加熟悉具体环境，并且对当前情况的技术复杂性有详细的了解。这些类型的决策通常符合以下标准：

- **频繁发生**。这些决策是常见的，而且经常发生。
- **时间紧迫**。在这些类型的决策中，延迟的代价是高昂的。
- **需要本地信息**。这些决策需要具体的局部上下文信息。

4.11　原则10：围绕价值进行组织

> 当今世界的变化速度之快，令二十世纪建立起来的基本制度、结构和文化都无法满足人们的要求。如果你仅对管理和制定战略的方式进行增量的调整，无论你多么聪明，都无法做好这项工作。
>
> ——约翰·科特（John Kotter）

今天，许多企业都是按照二十世纪发展起来的原则而组织起来的，这些原则致力于提高效率、可预测性、赢利能力，以及竞争优势。但是，在今天的数字化经济中，唯一真正可持续的竞争优势是组织感知和响应客户需求的速度。这一优势在于有能力在最短可持续前置时间内交付价值。传统的组织结构"根本无法胜任这项工作"。相反，业务敏捷力要求企业围绕价值进行组织，以便更快地交付价值。当市场和客户需求发生变化时（这是不可避免的），企业必须迅速且无缝地适应变化，以围绕新的价值流动进行重组。

通过围绕价值的流动，而不是传统的组织筒仓来组织企业，SAFe 提供了第二个网络化的操作系统（见图 4-13）。这使得企业既可以专注于新想法的创新性和成长性，也可以专注于现有解决方案的执行、交付、运营和支持。

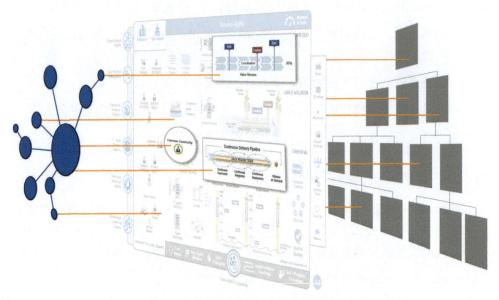

图 4-13　将 SAFe 作为组织中第二个网络化的操作系统的观点

理解价值的流动性

SAFe 的网络化操作系统非常注重持续的价值交付，要求企业围绕价值的流动来组织其投资组合，这种价值的流动被称为"价值流"。一个 SAFe 的投资组合是开发价值流的集合，这些开发价值流连接在一起，从而交付更加协调一致的价值。这样做可以让整个企业（从敏捷团队到 ART，从解决方案火车到投资组合）在最短可持续前置时间内为客户交付价值。围绕价值流组织投资组合，可为企业带来实实在在的好处，包括以下几点：

- 更快的学习
- 更短的上市时间

- 更高的质量
- 更高的生产率
- 更精益的预算机制

此外，价值流映射可用于识别和解决交付延迟、浪费，以及不增值的活动。

通过敏捷团队和火车实现价值流

价值流是通过敏捷发布火车（Agile Release Train，ART）的形式来实现的。每个 ART 都是一个敏捷团队，可以定义、交付、运营和支持客户的解决方案。ART 跨职能筒仓运行，并可能消除这些职能筒仓。敏捷团队是 ART 的基本组成部分，是跨职能的，这使得其能够定义、构建、测试，并在适当的情况下快速部署有价值的元素，并且只需要最少的交接和依赖关系（见图 4-14）。此外，在构建超大型系统时，ART 与供应商一起，进一步组织成解决方案火车。解决方案火车旨在为客户提供更重要的价值。

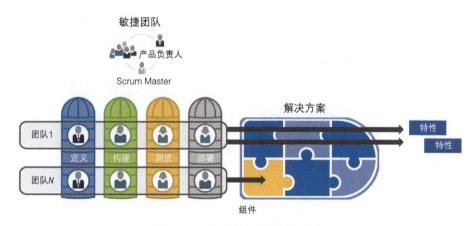

图 4-14　敏捷团队是跨职能团队

围绕价值重组

虽然，将团队和火车放在一起来促进组织的高绩效运作，是很明智的做法；但是，当市场、客户需要，或者战略发生变化时，组织必须保持灵活性和适应性。毕竟，有些解决方案需要增加或者减少投资，甚至有些解决方案有可能需要被完全放弃。简而言之，价值流中的解决方案不断演进，团队和火车也必须随之演进。业务敏捷力的关键驱动因素是，组织能够围绕价值进行组建的能力，以及根据需要围绕新的价值流进行重组的能力。

4.12 总结

幸运的是，尽管如戴明所指出的，我们的问题可能与众不同，但是，我们可以用来解决大规模软件和解决方案开发问题的这些原则，在本质上是通用的。SAFe 的 10 条精益 - 敏捷原则提供了核心信念、真理和经济价值观，这些内容决定了框架的作用和实践。在 SAFe 得以有效实施之前，每个人，尤其是领导层，都需要深刻理解 SAFe 的原则，从而了解 SAFe 如何发挥作用，以及为什么发挥作用。这种理解将创造正确的知识和文化，从而有效地实施 SAFe；更重要的是，可以实现 SAFe 所能够提供的业务收益。

第二部分

精益企业的七个核心能力

"今天的成功需要敏捷力和驱动力,从而不断地重新思考、重新振作、重新行动,以及重新创造。"

——比尔·盖茨(Bill Gates)

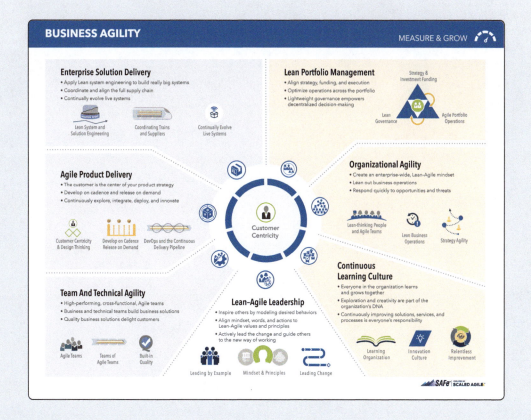

- 第5章　精益-敏捷领导力
- 第6章　团队和技术敏捷力
- 第7章　敏捷产品交付
- 第8章　企业解决方案交付
- 第9章　精益投资组合管理
- 第10章　组织敏捷力
- 第11章　持续学习文化

七个核心能力概述

在本书的第二部分中,我们将描述实现业务敏捷力所需的七个核心能力。每个能力都是一组相关的知识、技能和行为,并从三个维度对每一个能力进行进一步描述。这些能力是彼此独立的,因为每个能力都可以助力企业的发展。但是,这些能力是相互依赖和相辅相成的,只有当企业全部掌握这些能力时,才能实现全面的业务敏捷力。这七个核心能力共同使各种规模的企业能够在软件和数字化时代蓬勃发展。

第 5 章到第 11 章将对各个能力进行描述,首先是精益 – 敏捷领导力(第 5 章),它是所有其他能力的基础。

第5章

精益-敏捷领导力

> "高层管理者只是对质量和生产率做出承诺,这是不够的,他们必须知道自己所承诺的是什么——也就是他们必须要做什么。这个责任不能委派给其他人。光有支持是不够的,还需要采取行动。"
>
> ——W·爱德华兹·戴明(W. Edwards Deming),*Out of Crisis*

精益-敏捷领导力,描述了精益-敏捷领导者如何通过向个人和团队做出授权,从而发挥他们的最大潜力来推动和维持组织变革及卓越运营。这些领导者身体力行,他们学习和示范规模化敏捷框架(SAFe)的精益-敏捷思维、价值观、原则和实践。他们领导变革,从而走向新的工作方式。

5.1 为什么需要精益-敏捷领导者

一个组织中的管理者和领导者,负责精益-敏捷开发的采纳、成功实施和持续改进,并负责培养实现业务敏捷力的各项能力。只有这些领导者才有权改变管理工作执行方式的系统,并让其持续改进。只有他们,才能创造一个环境,从而为快速创造价值和持续改进的高绩效敏捷团队提供支持。因此,领导者需要内化并塑造更加精益的思维和运营方式,以便团队能够以他们为榜样进行学习。

业务敏捷力需要一种不同的领导方式。它从领导者示范精益和敏捷的原则和行为开始,这些原则和行为将鼓舞和激励组织去追求更好的工作方式。领导者通过教练、授权和调动个人、团队的积极性来树立榜样,从而发挥个人和团队的最大潜能。

简而言之,只有知识是不够的。精益-敏捷领导者需要做的不仅仅是支持组织转型。他们还要积极地领导变革,并指导必要的活动,从而理解和持续优化企业中的价值流动。

基于图5-1所示的三个维度,通过帮助领导者拓展他们的知识和技能,组织可以将精益－敏捷领导力确立为基础核心能力。

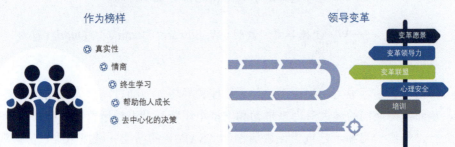

图 5-1　精益－敏捷领导力的维度

这些维度如下：

- **思维和原则**——领导者通过将精益－敏捷的工作方式嵌入信念、决策、响应和行动中，可以在整个组织中成为楷模，示范组织所期望的行为规范。
- **作为榜样**——领导者通过为他人树立榜样，鼓舞他人效仿榜样的行为并指导他们的个人发展，从而获得领导者的权威。
- **领导变革**——通过创造合适的环境，领导者可以积极参与变革，而不仅仅是支持变革。他们做好人员的准备，并提供必要的资源以实现预期的结果。

接下来将介绍精益－敏捷领导力的三个维度。

思维和原则

"精益的基本信条，对传统管理理论的许多方面提出了挑战，并提倡一种对于大多数高管而言都很陌生的思维方式。"

——雅各布·斯托勒（Jacob Stoller），
The Lean CEO：Leading the Way to World-Class Excellence

思维和原则是精益-敏捷领导力这项能力的第一个维度。斯托勒的名言提醒我们，传统的管理实践不足以满足实现业务敏捷力所需的变革。相反，精益企业依赖于丰田所说的"精益-思想的管理者-教师"。这些领导者理解精益思想和SAFe原则，并将其传授给其他人。这对他们的身份和工作内容来说是不可或缺的。

当领导者经常提及这些价值观和原则，并将其作为对团队成员进行教练和指导的一部分时，就会强化这种新思维，使之成为团队成员思考和行为的方式。

第3章描述了新思维的重要性，以及新思维如何为企业采纳、应用SAFe原则和实践提供基础，如何支持增强的企业文化，从而实现业务敏捷力。此外，我们也注意到成长型思维的意识和重要性。成长型思维所遵循的理念是，新的能力可以通过时间和努力得到提升。反过来，这也为领导者提供了一种可能性，即现有的思维方式能够进化，也需要进化，从而指导所需的组织变革。

第4章描述了10个不变的基本精益-敏捷原则。这些原则和经济学的概念启发并告诉我们SAFe的作用和实践。

领导实现业务敏捷力所需的转型，需要一种基于精益、敏捷，以及SAFe的核心价值观和原则的思维方式（见图5-2）。

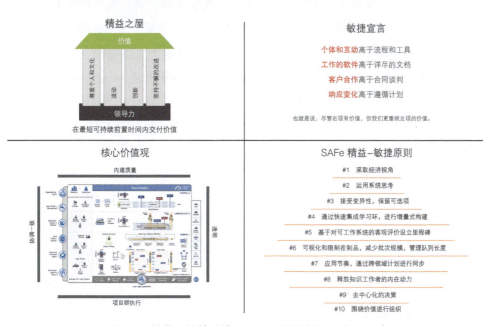

图5-2 精益-敏捷思维和SAFe的核心价值观及原则

接下来，我们将介绍"思维和原则"维度的最后一个方面：SAFe的四项核心价值观，它们代表了基本的信念，对于SAFe的有效性至关重要。

SAFe 的核心价值观

定义 SAFe 基本理想和信念的四大核心价值观是协调一致、透明、内建质量和项目群执行。领导者在沟通、展示和强调这些价值观方面起着至关重要的作用，这有助于指导组织实现其使命。

以下是领导者可以用来强化这些价值观的一些注意事项：

- **协调一致**。通过建立和表达投资组合战略及解决方案愿景来沟通使命。帮助组织价值流并协调依赖关系。提供相关简报并参与项目群增量（PI）计划。帮助进行待办事项列表的可视化、评审和准备工作；定期检查以了解相关情况。
- **内建质量**。精益-敏捷领导者通过拒绝接受或发布低质量的工作来展示出他们对质量的承诺。为了维护和减少技术债务，组织预留了相应的工作量，领导者需要支持这方面的投入，从而确保整个组织对质量的关注成为常规工作的一部分，这些常规工作包括设计思维、用户体验、架构、运营、安全和合规。
- **透明**。可视化所有相关工作。为过失和错误承担责任。承认错误，同时支持那些承认错误并从中吸取教训的人。永远不要惩罚传递信息的人。相反，要鼓励他们能够从错误中学习。创建一个总是尊重事实而又透明的环境。
- **项目群执行**。作为业务负责人参与 PI 执行并建立业务价值。帮助调整范围以确保需求与容量相匹配。在积极消除障碍和低落士气的同时，为高质量的项目群增量而喝彩。

每个核心价值观都是体验 SAFe 的个人收益和业务收益的关键。此外，核心价值观、思维和原则作为一个系统来协同工作。精益-敏捷领导者拥抱这些价值观和原则，并在履行职责时经常展示和应用这些价值观和原则，如下所述。

作为榜样

> 树立榜样，不是影响他人的主要手段，而是唯一的手段。
>
> ——阿尔伯特·爱因斯坦（Albert Einstein）

精益-敏捷领导力，这项能力的第二个维度是"作为榜样"。无论领导者的言行举止是好是坏，都会极大地影响组织的文化。要转型成为精益企业的最有效方法，是让领导者将业务敏捷力的正确行为和思维内化，然后将其树立为典范，以便其他人能够通过榜样来学习和成长。

西蒙·斯涅克（Simon Sinek）在他的著作 *Leaders Eat Last* 中，强调了以下内容：

"公司领导为员工定下了基调和方向。伪君子、骗子和自私自利的领导者创造了一种文化，其组织将充满伪君子、骗子和自私自利的员工。相反，那些讲真话的公司领导者，会创造出一种讲真话的企业文化。这不像制造火箭那么复杂。我们会追随领导者。"[1]

领导者为企业文化设定基调，并认识到积极的企业文化是吸引、激励和留住优秀员工的重要机制；它可能是组织卓越与否的唯一最佳预测指标。同时，它也更加有趣。一项长期研究发现，文化底蕴强的组织比文化底蕴弱的组织表现更好，两者之比为二比一。[2]

社会学家罗恩·威斯特鲁姆（Ron Westrum）认为，组织的文化是医疗保健行业安全和绩效成果的预测指标。[3] 他将文化分为三种组织类型。

- **病态文化（权力导向）**。这些组织的特点是跨团体的合作程度较低，并且是一种相互指责的文化。信息经常被隐瞒，以便某些人借此谋取私利。
- **官僚文化（规则导向）**。官僚文化过分关注规则和职位，职责按部门划分，很少考虑到组织的整体使命。
- **生成性文化（绩效导向）**。生成性组织的特征是良好的信息流动，高度的合作和信任，在团队之间架起桥梁，以及积极地沟通。

因此，通过塑造正确的行为，领导者可以影响组织的文化，从病态文化和官僚文化转变为生成性文化，这使得精益-敏捷思维得以蓬勃发展和传播。

图 5-3 比较了威斯特鲁姆（Westrum）的文化模型，并定义了它的三种原型。[4]

---

1 西蒙·斯涅克（Simon Sinek），*Leaders Eat Last*，Kindle 版（Penguin Random House, 2014）。
2 罗伯特·达夫特（Robert Daft），*The Leadership Experience*，第 7 版（Cengage Learning, 2017）。
3 参见链接 8。
4 罗伯特·达夫特（Robert Daft），*The Leadership Experience*，第 7 版（Cengage Learning, 2017）。

病态文化 权力导向	官僚文化 规则导向	生成性文化 绩效导向
低度合作	适度合作	高度合作
信使被指责	信使被忽视	信使受过培训
责任被推卸	责任被限制	责任被共担
不被鼓励的协作	被容忍的协作	鼓励合作
任务失败后，就会找到一个替罪羊	任务失败后，就会制裁具体执行者	任务失败后，就会思考如何改进
创新被压垮	创新导致问题	创新被实施

图 5-3　威斯特鲁姆的组织文化模型（已改编）[1]

这就引出了下一个重要的问题：领导者应该采取哪些行为来树立正确的榜样，从而建立一种生成性文化呢？尽管这个清单可能相当长，但以下特征为成功地引导组织形成生成性文化提供了一个良好的起点：

- **真实性**指的是领导者以诚实、正直和透明的方式行事，忠于自己和自己的信仰。
- **情商**指的是领导者如何通过自我意识、自我调节、激励、同理心和社交技巧来管理自己和他人的情绪。
- **终身学习**使领导者能够持续、自愿和采用自我激励的方式渴求知识，不断成长，同时鼓励和支持其他人也这样做。
- **帮助他人成长**使领导者提供每个员工所需的个人、专业和技术方面的指导及资源，以便这些员工能够承担越来越多的责任，并独立做出一些决策。
- **去中心化的决策**将决策权下放到掌握信息的人手中。这需要对团队的技术能力进行投资，并通过决策护栏提供组织结构的清晰度。[2]

这些同样的行为也会建立起"赢得的权力"（earned authority）——通过信任、尊重、专业知识或行动获得的权力。与那些纯粹通过职位获取的权力相比，这会产生更大的参与度和对组织目标的承诺。这样的领导者会激励其他人追随他们前进的方向，并将领导者的榜样力量融入员工的个人发展旅程中。这是领导变革的一个关键要素，接下来将对领导变革进行描述。

1　罗恩·威斯特鲁姆（Ron Westrum），"A topology of organizational cultures"（*BMJ Quality & Safety*，2004）。
2　大卫·马凯特（David Marquet），*Turn the Ship Around*，Kindle 版（Penguin Group，2013）。

领导变革

> "没有什么比重要人物的言行不一更能破坏变革了……"
>
> ——约翰·科特（John Kotter），*Leading Change*

领导变革是精益-敏捷领导力这项能力的第三个维度。成为具有精益思想的管理者-教师，为领导者提供了他们开始建立精益企业和实现业务敏捷力所需的思维过程和实用工具。在最短可持续前置时间内交付价值、创造流动性，以及让客户感到愉悦，这些好处都是显而易见的，所有这些都与快乐、敬业的员工有关。同样显而易见的是，对于许多组织而言，跟过去的范式相比，这种新的工作方式代表着文化和实践发生了巨大转变。

成功的组织变革需要领导者来"领导"转型的工作，而不是仅仅支持它。领导者创造环境，做好人员的准备，并提供必要的资源以实现预期的成果。

实际上，研究表明，在本章的"作为榜样"一节中所描述的领导者行为，与敏捷、精益和DevOps举措所推动的组织变革的成功之间存在着明显的关联关系。有些研究人员发现，这些领导者行为对员工支持变革的承诺有更大的影响，而不是简单地让员工遵循规定的变革模型。[1, 2]

精益-敏捷领导者通过发展和应用相应的技能和技术，从而按照以下方式推动变革的过程：

- **变革愿景**——当领导者向他人传达为什么需要变革，并以启发、激励和吸引人们的方式进行变革时，变革愿景就会出现。

- **变革领导力**——指的是通过领导者的个人倡导和推动，对他人产生积极的影响和激励作用，以促使其参与组织变革的能力。

- **强有力的变革联盟**——当来自多个层级、跨越筒仓的个人被赋予权力，并具有有效领导变革所需的影响力时，就形成了一个强有力的变革联盟。

- **心理安全**——当领导者创造一种承担风险的环境来支持变革，而员工不用担心对自我形象、地位或职业产生负面影响时，心理安全就产生了。

- **培训每个人学习新的工作方式**——可以确保整个公司学习精益和敏捷的价值观、原则和实践，包括领导者的承诺，这样领导者就能够作为榜样。

1　Stephen Mayner. *Transformational leadership and organizational change during Agile and DevOps initiatives* (ProQuest, 2017).

2　DM Herold, DB Fedor, S Caldwell, and Y Liu, "The effects of transformational and change leadership on employees' commitment to change: a multi-level study." *Journal of Applied Psychology*, vol. 93 (2008): pp. 346–357.

显然，这些方面需要推动变革的领导者的积极参与。但是，这还不够。正如奇普·希思（Chip Heath）和丹·希思（Dan Heath）在其关于变革的著作[1]中所指出的那样，领导者"需要制定关键步骤"，这对于完成变革至关重要。

SAFe 实施路线图，在很大程度上基于科特（Kotter）已经被验证过的组织变革管理策略，它描述了企业可以采取的有序、可靠和成功执行的步骤。这一路线图帮助领导者在推动成功变革的过程中"认清道路"，本书将在第三部分中做进一步的描述。

SAFe 咨询顾问的角色

许多 SAFe 实施的观察结果表明，即使有了精益-敏捷的领导者和健全的组织变革战略，还需要大量的变革代理人和经验丰富的教练。虽然每位领导者都在促成变革的过程中发挥了作用，但 SAFe 咨询顾问（SAFe Program Consultant，SPC）都经过了专门的培训，并为实施 SAFe 这项任务做好了准备。SPC 的培训、工具、课件，以及内在动力对成功实施 SAFe 转型起着至关重要的作用。

5.2 总结

实施 SAFe 不仅仅是一些改变；它更是一种转型，转向持续且坚持不懈地提升业务敏捷力，而这一切都基于敏捷和精益的基本原理。它需要懂得如何领导、维持，甚至加速向新工作方式转型的经理、高管和其他领导者。

只有领导者才有权力改变管理工作方式的系统，并不断对其进行改进。只有他们才能创造环境，鼓励高绩效的敏捷团队蓬勃发展并产生价值。因此，领导者必须将更精益的思维和运作方式进行内化并以身作则，为团队树立榜样。这样的话，组织中的其他人就会以他们为榜样，学习他们的行为（包括办事方式、教练方式和鼓励方式）。

最终，有效的领导力可以提供坚实的基础，保证团队对于精益-敏捷开发的采用和成功，以及掌握通向业务敏捷力的能力。

---

1 奇普·希思（Chip Heath）和丹·希思（Dan Heath），*Switch：How to Change Things When Change is hard*，Kindle 版（The Crown Publishing Group，2010）。

第6章

团队和技术敏捷力

> 坚持不懈地追求技术卓越和良好设计，敏捷能力由此增强。
>
> ——敏捷宣言

团队和技术敏捷力能力描述了关键技能和精益－敏捷原则及实践，高绩效的敏捷团队和规模化敏捷团队使用它们，为客户创建创新的业务解决方案。

6.1 为什么需要团队和技术敏捷力

敏捷团队和敏捷发布火车（ART）创建并支持为客户交付价值的业务解决方案。因此，组织在数字化时代蓬勃发展的能力，完全取决于其团队是否能够快速交付创新的解决方案，这些方案能够可靠地满足客户需要。团队和技术敏捷力能力是业务敏捷力的基石，它包含三个维度（见图6-1）。

- **敏捷团队**。高绩效、跨职能的团队，通过应用有效的敏捷原则和实践来锚定能力。
- **规模化敏捷团队**（Teams of Agile teams）。多个敏捷团队在敏捷发布火车（ART）的场景中运作。ART是一个由多个敏捷团队组成的、长期存在的团队，它提供共同的愿景和方向，并最终负责交付解决方案。
- **内建质量**。所有敏捷团队都应用实践来创建高质量、设计良好的解决方案，以支持当前和未来的业务需要。

这三个维度是相辅相成的，有助于塑造高绩效的团队，为规模化敏捷框架（SAFe）提供动力，并最终为整个企业提供动力。下面将进一步讨论这三个维度。

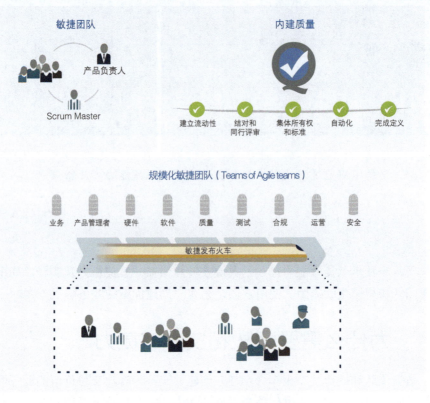

图 6-1　团队和技术敏捷力的三个维度

6.2　敏捷团队

团队和技术敏捷力，这项能力的第一个维度是敏捷团队。敏捷团队是敏捷开发的基本构件——一个由 5～11 人组成的跨职能团队，他们可以在一个较短的时间盒内定义、构建、测试和交付价值增量。这些团队有权力和责任来管理他们自己的工作，从而可提高生产率，并缩短上市时间。敏捷团队致力于以小批次的工作进行开发，这允许他们缩短反馈周期并适应不断变化的需求。他们可以是软件团队、硬件团队、业务团队、运营团队或支持团队。或者，他们也可以是一个横跨多个领域的团队。

尽管在传统做法中，组织是为了追求职能卓越而组织起来的，但价值交付却是跨越职能筒仓的。因此，敏捷团队是跨职能的，拥有在短迭代中交付价值所需的所有人员和技能，可避免交接和延迟（见图 6-2）。每个团队成员都在一个团队中专职工作。这减少了多任务处理的开销，并提供了统一的目的来实现团队的目标。

图 6-2　敏捷团队是跨职能团队

SAFe 中的敏捷团队有两个特殊的角色：

- **产品负责人**（Product Owner，PO）负责管理团队待办事项列表，确保其反映客户的需要。这包括确定优先级，以及维护解决方案中特性和组件的概念完整性及技术完整性。

- **Scrum Master** 是团队的仆人式领导者和教练，他向团队注入一致认同的敏捷过程，消除障碍，并创造环境，从而实现高绩效、持续的流动性，以及坚持不懈的改进。

团队待办事项列表

团队待办事项列表（team backlog）包含用户故事（user story）和使能故事（enabler story）。它还可能包括其他工作项，代表了一个团队为了推进自己所负责的那部分系统所需要做的所有事情。

用户故事是表达所需功能的主要方式。因为把用户而非系统作为关注的对象，所以用户故事是以价值为中心的。为了支持这一点，推荐的表达形式是如下面所示的"用户之声"格式：

作为（用户角色），

我想要（活动），

以便于（业务价值）

这种"用户之声"格式，引导团队了解谁在使用该系统，他们在做什么，以及他们为什么要这样做。应用此格式往往会提高团队将需求与不同领域结合的能力；他们开始更好地把握用户的实际业务需求。故事可能来自团队的本地场景；然而，它们通常也是由拆分业务特性和使能特性而来的（见图 6-3）。第 7 章将进一步对特性进行介绍。

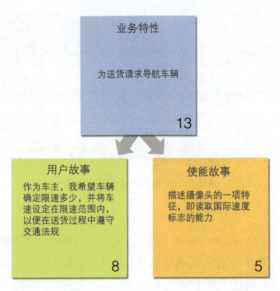

图6-3　故事通常来源于拆分业务特性和使能特性

此外，使能故事描述了构建架构跑道所需的工作，架构跑道可以支持高效开发并交付未来的业务特性。这些使能故事可能包括诸如探索、架构、重构、基础设施，以及合规问题之类的条目。

为了实现流动性，团队待办事项列表必须始终包含一些已经准备就绪的故事，这些故事可以立即被实现而不会造成重大风险或延迟。这是通过经常梳理待办事项列表来实现的。待办事项列表的梳理着眼于即将发布的故事（和特性，视情况而定），以讨论、估算这些故事，并初步理解它们的接收标准。

此外，当多个团队梳理各自的待办事项列表时，可能会出现新的问题、依赖关系，以及新的故事。通过这种方式，待办事项列表的梳理有助于理解当前计划所呈现出来的问题或挑战。

SAFe 团队通常混合使用各种敏捷方法

SAFe 团队使用的敏捷实践主要基于 Scrum、看板，以及质量实践，在这些质量实践中，有一部分是源于极限编程（Extreme Programming，XP）的（见图6-4）。

Scrum 是一个轻量的、基于团队的过程，可以促进解决方案的快速反馈和快速迭代开发。在 Scrum 中，团队在较短的冲刺（迭代）中定义、构建、测试（以及在适用的情况下部署）功能。

为了确保吞吐量和连续流动，大多数团队将看板的最佳实践与 Scrum 相结合，从而将工作进行可视化，建立在制品（Work In Process，WIP）限制，并阐明提高吞吐量的瓶颈和机会。如果团队的工作经常发生变化，而且是按需发生的，通常他们会选择将看板作为主要的实践方法。然而，他们仍然与其他团队步调一致地制订计划，并且通常会应用 Scrum Master 和产品负责人角色（或等效角色）在 ART 中进行一致性的运作。

图 6-4　SAFe 团队通常混合使用各种敏捷方法

估算工作

敏捷团队使用故事点来估算他们的工作。故事点是一个单一的数字，它代表了多种属性的结合。

- **数量**。有多少？
- **复杂性**。有多难？
- **知识**。哪些是已知的？
- **不确定性**。哪些是未知的？

故事点是相对的，与任何特定的度量单位无关。每个故事的规模（工作量）是相对于其他故事进行估算的，最小的故事被分配的规模是 1。修改后的斐波那契数列（1、2、3、5、8、13、20、40、100）会随着规模的增加而反映出估算中固有的不确定性（例如 20、40、100）。[1]

迭代

敏捷团队在迭代中工作，迭代提供了定期的、可预测的计划、开发和评审节奏。这样可以确保尽快执行完整的计划 - 执行 - 检查 - 调整（Plan–Do–Check–Adjust，PDCA）循环。每一次迭代都是一个标准和固定的时间盒，通常为一到两周。

这些较短的时间周期有助于团队和其他利益相关者定期测试和评估工作系统

---

[1] 迈克·科恩（Mike Cohn），*User Stories Applied: For Agile Software Development*（Addison-Wesley，2004）。

中的技术假设和业务假设。团队在整个迭代过程中频繁地集成他们的代码。每个迭代还至少锚定一个重要的系统级集成点。这个事件被称为系统演示，它集合了系统多个方面的内容——功能、质量、一致性和适用性，而这些工作是跨团队完成的。

计划迭代

迭代从迭代计划开始，这是一个时间盒为 4 小时或更短的事件（对于为期 2 周的迭代）。在计划过程中，团队执行以下工作：

- 评审、梳理和估算故事，这些故事通常由 PO 展示。
- 定义接收标准。
- 在必要时将较大的故事拆分为较小的故事。
- 根据已知速度（每次迭代完成的故事点数），确定他们在即将到来的迭代中，可以针对迭代目标交付哪些内容。
- 承诺一组简短的迭代目标。

一些团队进一步将故事分成任务，以小时为单位进行估算，以更好地梳理他们对下一步工作的理解。

甚至在迭代计划开始之前，敏捷团队就通过梳理团队待办事项列表来准备迭代计划内容。他们的目标是更好地理解下一个迭代中将要交付的工作。

通过每日站立会议活动进行协调

每天，团队都有一个每日站立会议（Daily Stand-Up，DSU），以了解团队成员的进展，提出问题，并获得其他团队成员的帮助。在此活动期间，每个团队成员描述他们昨天为推进迭代目标所做的工作、他们今天要做的工作，以及他们遇到的任何障碍。每日站立会议（DSU）应该不超过 15 分钟，通常会站在团队的看板板（对于分布式团队来说，或者是等效的电子看板板）前进行。

但是，团队的交流并不仅限于此，因为团队成员在整个迭代过程中是持续进行交互的。团队应该尽可能坐在一起的一个主要原因是，可以促进团队成员间的持续沟通。

交付价值

在迭代期间，每个团队通过协作来定义、构建和测试他们在迭代计划期间承诺的故事，从而产生高质量的、可工作的、经过测试的系统增量。他们在整个迭代过程中不断交付故事，并避免"瀑布式"的时间盒。这些完成的故事会在整个迭代过程中进行演示。团队通过使用看板板和每日站立会议（DSU）跟踪迭代的进度并改善价值的流动。

团队应用了设计思维和以客户为中心的理念，从而确保团队可以专注于解决那些真正有价值的问题（参见第 7 章）。为了能够正确地进行系统构建，团队还应用了内建质量实践，本章稍后将对此进行描述。

改进流程

在 Scrum 中的每个迭代结束时，团队都会进行迭代评审和迭代回顾。在迭代评审期间，团队对该迭代的故事增量进行演示。迭代评审不是正式的状态报告；相反，它是对迭代的有形成果的评审。团队还会进行简短的回顾——这是一个用于反思的时间，反思的内容包括迭代、流程、进展顺利的事情，以及当前障碍。然后，团队提出下一个迭代中需要执行的改进故事。

6.3 规模化敏捷团队

团队和技术敏捷力，这项能力的第二个维度是规模化敏捷团队。即使有良好的、局部的执行力，与构建单个敏捷团队的解决方案相比，构建企业级解决方案通常需要更大的范围和更广泛的技能。因此，敏捷团队在一个敏捷发布火车（ART）的场景中运作，ART 是一个由敏捷团队组成的长期存在的团队。ART 增量地开发、交付和（在适用情况下）运营一个或多个解决方案（见图 6-5）。

ART 将各个团队对齐到共同的业务和技术使命上。每一个 ART 都是一个虚拟组织（通常为 50 ～ 125 人），围绕企业的重要价值流组织起来；它存在的唯一目的就是通过构建能够给最终用户带来收益的解决方案，从而实现对价值的承诺。

ART "运用系统思考"（SAFe 原则 2）和"围绕价值进行组织"（SAFe 原则 10），以构建一个跨职能的组织，该组织经过优化，以促进从构思到部署、发布和投入运营的价值流动。这将创建一个更加精益的组织，且不再需要传统的日常任务和项目管理。其价值流动更快、开销最小。

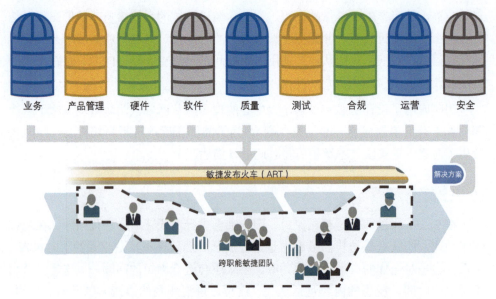

图 6-5 敏捷发布火车开发、交付,以及支持一个或多个解决方案

除了敏捷团队之外,以下角色有助于确保 ART 的成功执行:

- **敏捷发布火车工程师(Release Train Engineer,RTE)**是一名仆人式的领导,负责引导项目群执行、消除障碍、管理风险和依赖关系,以及持续改进。
- **产品管理者**负责"构建什么",这些要构建的内容是根据愿景、路线图,以及项目群待办事项列表中的新特性来定义的。他们负责定义和支持构建符合期望的、技术上可行的、经济上可行的,以及可持续的产品,从而在产品市场生命周期内满足客户需要。
- **系统架构师/工程师**是定义系统总体架构的个人或团队。他们在团队和组件之上的抽象层次上工作,并定义非功能性需求、主要系统的要素、子系统及接口。
- **业务负责人**是 ART 的关键利益相关者,对敏捷发布火车交付的商业成果负有最终责任。
- **客户**是解决方案价值的最终接受者。

除了以上这些关键的 ART 角色,以下职能通常可以对 ART 的成功起到重要作用:

- **系统团队**通常协助构建和支持 DevOps 基础设施,从而进行开发、持续集成、自动化测试,以及在准生产环境中进行部署。在更大的系统中,他们可能承担那些无法由单个敏捷团队完成的端到端测试。

- **共享服务** 由专家组成，比如，数据安全专家、信息架构师、数据库管理员（DBA）。他们对于 ART 的成功是必不可少的，但不能专注于某一特定的火车。

ART 上的所有团队都遵循相同的迭代节奏和持续时间来同步他们的工作，这样他们就可以共同计划、演示和学习，如图 6-6 所示。这样做，可以为整个系统的迭代提供客观证据。正如第 7 章中进一步描述的那样，这种协调一致还使团队能够独立地探索、集成、部署和发布价值。

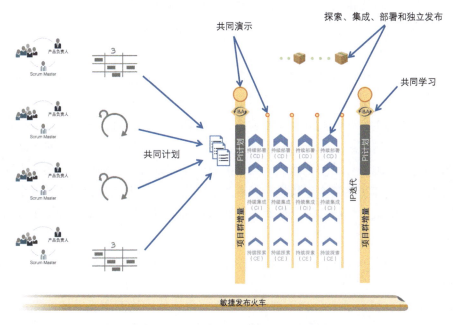

图 6-6　敏捷发布火车构建、交付和支持重要的解决方案

6.4　内建质量

内建质量（built-in quality）是 SAFe 的核心价值观之一，也是团队和技术敏捷力这项能力的第三个维度。所有敏捷团队（软件团队、硬件团队、业务团队，以及其他团队）都必须创建高质量的解决方案，并定义他们自己的内建质量实践。这些实践直接影响他们实现可预测的交付和履行承诺的能力。以下质量实践适用于所有类型的敏捷团队，包括业务团队和技术团队。

建立流动性

为了快速开发和发布高质量的工作产品，敏捷团队在一个快速的、基于流动的环境中运行。建立流动性，需要消除传统的"启动-停止-启动"式的项目启动和开发过程，以及阻碍进度的阶段门限。相反，团队采用"可视化和限制在制品，减少批次规模，管理队列长度"（SAFe 原则 6）的原则。他们还"基于对可工作系统的客观评价设立里程碑"（SAFe 原则 5）。

团队构建一个持续交付流水线（Continuous Delivery Pipeline，CDP）来引导新的功能从构思到按需向最终用户发布价值。在传统的项目管理中，成功的度量标准是完成整个举措的所有内容。与传统项目管理不同，小的特性可以快速地在系统中流动，以提供反馈并允许在流动的过程中进行修正。

同行评审和结对

同行评审和结对有助于确保团队在开发过程中的内建质量。同行评审为其他团队成员的工作提供反馈。结对是指两个或多个团队成员同时处理同一项工作。

一些团队主要使用同行评审来获得设计级的反馈，并且在开发过程中处理具有挑战性的问题，或在执行需要不同技能的活动时进行结对；另外一些团队则更频繁甚至持续地进行结对工作。这其中的每一个实践方法，都通过利用他人的知识、观点和最佳实践来内建质量。随着相互学习，人们也提高和拓宽了整个团队的技能。不管采用哪种方法，所有工件在被接收或发布之前，都要经过多方的观察和审视。

集体所有权和标准

集体所有权意味着任何人都可以更改一个工件，从而增强系统或提高其质量。这就减少了团队之间和团队内部的依赖关系，并确保团队成员的缺席不会阻碍进度。但是因为工作不是由一个团队或某个人"拥有"的，所以需要有一套标准来确保工作的一致性，使每个人都能够理解和维护每个工作产品的质量。标准的同行评审和轻量级治理有助于确保个人进行局部更改后不会带来意外的系统级后果。

自动化

为了提高交付的速度、准确性和一致性，敏捷团队将重复性的手动任务自动化。团队通常通过两种方式实现自动化。

- 将构建、部署和发布解决方案的过程自动化。这种方法采用团队的原始工件（例如代码、模型、图像、内容），并根据需要生成可用于生产的版本，跨团队和 ART 集成它们，并使它们在生产环境中可用。

- 将持续交付流水线（CDP）中的质量检查自动化，以确保团队能够遵循标准，并且工件达到公认的质量水平（比如，单元和集成测试、安全性、合规、性能）。

完成定义

敏捷团队制定完成定义（Definition of Done，DoD）。DoD 是一种标准方法，用于确保工件和更大的价值增量只有在表现出一致的质量和完整性水平时，才能被认为是完成的。例如，以下可能是 DoD 的一些条款：

- 符合接收标准。
- 测试是自动化的。
- 所有测试均已通过。
- 满足非功能性需求（NFR）。
- 必须修复的缺陷清零。
- 相关文件已更新。

这些 DoD 协议，使团队围绕质量的含义以及如何将其内建到解决方案中进行对齐。

其他技术实践

为了持续改进开发中的解决方案，还可以应用软件团队的其他质量实践。这里总结了这些实践的内容，并提供了链接以供读者进一步阅读：

- 敏捷架构。[1] 敏捷架构通过协作、浮现式设计、意图架构，以及简单设计来支持敏捷开发实践。
- 敏捷测试。[2] 在敏捷测试中，每个人都要做测试。解决方案以小的增量进行开发和测试，并且团队应用测试先行和测试自动化实践。
- 测试驱动开发（Test-Driven Development，TDD）。[3] 这个理念和实践建议在实现代码或系统组件之前构建并执行测试。
- 行为驱动开发（Behavior-Driven Development，BDD）。[4] 这是测试先行的敏捷测试实践，其通过定义和自动化测试解决方案的全部功能来帮助团队

1　参见链接 9。
2　参见链接 10。
3　参见链接 11。
4　参见链接 12。

确保内建质量。它还可以作为一个确定、记录和维护需求的方法。
- 重构。[1] 此活动更新并简化了现有代码或组件的设计,而不更改其外部行为。
- 探针。[2] 这是 SAFe 的一种探索使能故事。探针用于获得必要的知识,以减少风险、更好地理解需求,或者增加故事估算的可靠性。

6.5 总结

虽然组织的等级结构和按职能划分的组织提供了久经考验的结构、实践和政策,但它们无法提供数字化时代所需的速度和质量。相反,团队和技术敏捷力侧重于组织跨职能的敏捷团队,以及应用最佳敏捷方法和技术的规模化敏捷团队,而不拘泥于任何一种特定的敏捷工作方式。这种方法建立了长期存在的团队,该团队在整个产品生命周期中都采用了内建质量实践;他们在一起学习,共同成长。

此外,这些团队还形成了跨职能的规模化敏捷团队(ART),并与企业的价值流保持协调一致,因此这样能够覆盖从概念到部署和生产的整个开发生命周期。

这些团队结构有助于对第二个操作系统进行实例化,也为企业提供了直接交付价值所需的弹性和适应性,同时大大减少了依赖性、工作切换和延迟。这样一来,就能产生更具创新性的业务解决方案;同时,产品也能比以往任何时候更快地投放到市场。

---

1 参见链接 13。
2 参见链接 14。

第7章

敏捷产品交付

> "具体来说，你可以花时间去发展并提出一个由外而内的、以市场为中心的观点，这个观点如此引人注目、如此翔实，它可以平衡过去一年里运营计划中由内而外的、以公司为中心的目标。"
>
> ——杰弗里·摩尔（Geoffrey Moore），*Escape Velocity*

敏捷产品交付是一种以客户为中心的方法，用于定义、构建，以及发布一个连续的工作流动，包括对于客户和用户有价值的产品、服务。

7.1 为什么需要敏捷产品交付

实现业务敏捷力要求企业提高快速交付创新产品和服务的能力。但是，企业需要平衡其执行焦点和客户焦点，以帮助确保自己在正确的时间为正确的客户创建了正确的解决方案。这些能力是相辅相成的，并可以创造机会，让企业保持市场和服务方面的领先地位。如图 7-1 所示，敏捷产品交付包含三个维度。

- **以客户为中心和设计思维**。以客户为中心，将客户置于每个决策的中心。应用设计思维确保解决方案是符合期望的（desirable）、技术上可行的（feasible）、经济上可行的（viable），以及可持续的（sustainable）。
- **按节奏开发，按需发布**。按节奏开发有助于管理产品开发中固有的可变性。将价值发布与开发节奏解耦，可以确保客户在需要的时候得到他们所需要的东西。
- **DevOps 和持续交付流水线**。DevOps 和持续交付流水线（Continuous Delivery Pipeline，CDP）奠定了基础，使企业可以随时发布全部或部分价值，以满足客户和市场要求。

以下各节描述了敏捷产品交付的各个维度。

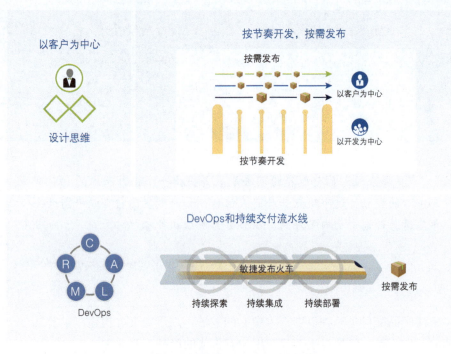

图 7-1　敏捷产品交付的三个维度

7.2　以客户为中心和设计思维

以客户为中心和设计思维构成了敏捷产品交付的第一个维度。这种经营理念和方式把客户放在首位，使之处于企业的核心，为客户提供积极的体验并建立长期关系。因此，以客户为中心的企业通常会提高员工参与度，并更彻底地满足客户需要。

团队运用设计思维来确保敏捷发布火车（ART）创建的产品和服务是符合客户和用户期望的，同时确认解决方案是技术上可行的、经济上可行的，并且在整个生命周期中是可持续的。

以客户为中心

以客户为中心的企业每当做出决策时，都会深入考虑该决策对其最终用户的影响。[1] 这种想法激励团队去做以下事情：

- **关注客户**。应用市场和用户细分，根据共同特征对齐并关注特定的目标群体。

1　Don Norman, *The Design of Everyday Things*（Doubleday, 1990）。

- **理解客户的需要**。投入时间去识别和真正了解客户的需要，并构建满足这些需要的解决方案。
- **像客户一样思考和感受**。要有同理心，站在客户的角度看世界。
- **构建完整产品的解决方案**。针对用户的需要设计完整的解决方案，确保客户的最初体验和长期体验是最佳的，并根据需要不断演进。
- **创造客户终身价值**。要超越交易思维，即客户用金钱做一次性的产品交换的思维。相反，要关注客户的终身价值。这种方法可以促进企业和客户建立长期的参与机制，使企业能够创造出更多的客户价值，而这些价值往往是在最初发布解决方案时企业无法进行预料的。[1]

设计思维

设计思维代表了一种截然不同的产品和解决方案开发方法，在这种方法中，使用发散和收敛技术来理解问题、设计解决方案，并将其投放到市场。

设计思维要同时考虑，从人的角度出发什么是符合期望的、什么是技术上可行的、什么是经济上可行的，从而创造出可持续的解决方案。[2] 它有三个主要活动，如图 7-2 所示。

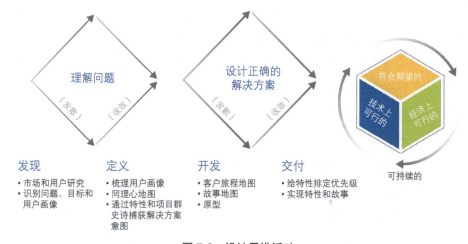

图 7-2　设计思维活动

1. **理解问题**。图 7-2 中的第一个菱形可以帮助人们真正理解他们正在努力解决什么问题，而不是简单地做出假设。这包括需要花时间与那些受问

1　Alexander Osterwalder, Yves Pigneur, Gregory Bernarda, and Alan Smith, *Value Proposition Design: How to Create Products and Services Customers Want* (Wiley, 2014).

2　参见链接 15。

题影响的人在一起，探索问题的不同方面；并且，实际上，有时也会发现其他能够解决的更加关键的问题。在整个流程的这一部分中，提供了一个观点，用于描述一个符合期望的解决方案及其好处。

2. **设计正确的解决方案**。图 7-2 中的第二个菱形鼓励产品团队探索问题解决的不同方法，包括从其他地方寻求灵感，并与一系列不同的人共同设计；同时，在团队内部进行协作，以构建一个技术上可行的解决方案。交付的内容包括在小范围内测试各种可选的解决方案，摒弃那些不可行的方案，并改进那些可行的方案。

3. **确认解决方案是可持续的**。为了更好地保证经济上的成功（参见 SAFe 原则 1），团队要理解和管理解决方案的经济性，以确保产品或解决方案将获得比开发和维护成本更高的价值或收益。

图 7-2 中的每一个菱形都专注于发散思维和收敛思维。在发散思维中，将创造（理解、探索）出可选项，而在收敛思维（评估选择）中，将制定出决策。[1] 虽然设计思维呈现为顺序的流动，但在实践中，设计思维是一个迭代的、非线性的过程。如果发现了新的观点并学习到了新的知识，可能需要返回到设计思维流程的最初步骤。从产品和服务的实际使用中得到的反馈，也可能激发新一轮的设计思维。

设计思维接受一个现实，即在第一次发布时就创造一个完美产品的可能性微乎其微。然而，设计思维提供了工具，通过聚焦于符合期望的、技术上可行的和经济上可行的方案的交集之处，帮助团队走向成功。当然，产品必须是企业可持续发展的。换句话说，设计思维通过以下属性来度量成功：

- **符合期望的**（desirable）。客户想要这个吗？
- **技术上可行的**（feasible）。我们真的能够把它建造出来吗？
- **经济上可行的**（viable）。我们应该把它建造出来吗？
- **可持续的**（sustainable）。我们是否在管理产品，以使其在整个生命周期中为企业带来利润或价值？

此外，设计思维不是一劳永逸的方法。在当今快速发展的数字化世界中，没有一个想法是真正完整的。持续地应用设计思维，会在产品生命周期中逐步推进解决方案的提升。

下面我们将探讨一些有用的工具，团队可以使用这些工具，做到以客户为中心，并能够应用设计思维。

1　参见链接 16。

市场调研与用户调研

以客户为中心和设计思维的基础包括市场调研与用户调研，它对客户所面临的问题以及解决方案的功能和运营需求提出了可执行的观点。市场调研倾向于推动战略（我们为谁服务），而用户调研则主要用来推动设计（我们如何满足用户的需求），如图 7-3 所示。

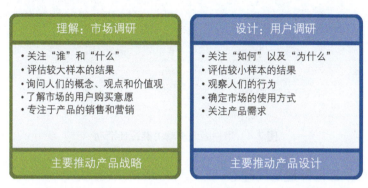

图 7-3　市场调研与用户调研探索问题和解决方案空间的不同方面

调研活动持续进行，并通过持续交付流水线（CDP）中的探索、产品数据分析和各种反馈循环得到支持。在市场调研和用户调研过程中获得的知识，也定义了解决方案的上下文（解决方案的运行环境），它提供了对解决方案本身的需求、使用、安装、运行和支持的基本理解。

进行市场调研还有助于确定解决方案上下文的性质。这个上下文主要取决于产品是：1）一个旨在被大量客户群体使用的通用解决方案，还是 2）一个为特定客户构建和设计的定制解决方案。

理解解决方案上下文，可以识别外部约束，它通常在组织控制之外。解决方案上下文的一些方面是可变的（未确定的或可协商的），而另一些方面是固定的（确定的），找到管理这种平衡的方法对价值交付至关重要。它影响到开发优先级，以及解决方案意图，如特性和非功能性需求（NFR）。

确定用户画像、问题和目标

在市场调研的支持下，设计思维的下一个关键方面是了解谁将从产品的设计中受益。这些信息是通过建立用户画像，即虚构的人物（见图 7-4）来获取的。这些虚构的人物代表了将以类似的方式使用产品的不同用户类型。用户画像有助于团队对最终用户的问题、体验、行为和目标进行理解并建立同理心。

消费者：卡里（Cary）

年龄： 36岁
地点： 美国内华达州里诺市
花在App上的时间： 10分钟

"我是一个正在工作的父亲，有三个孩子，分别是3岁、6岁和10岁。我也是一个乐队的成员，这意味着我想要尽可能多地与我的孩子和乐队在一起。我希望自己的包裹按时送达，这样我就能有尽可能多的时间和家人待在一起。"

我喜欢技术！我有iPhone、iPad和良好的家庭Wi-Fi设置。	有些周末我不在家。	我宁愿在线订购，也不愿打电话与他人交谈。
我妻子也在工作日工作，所以她没有太多的空闲时间来给我帮忙。	发信息是我最喜欢与供应商交流的形式。	我没有台式机，只有平板电脑和手机。

图 7-4　用户画像驱动关键设计活动

梳理用户画像并建立同理心

为了进一步加强开发符合期望的解决方案，以客户为中心的企业将"同理心"应用到整个设计过程之中。同理心地图（见图 7-5）是设计思维工具，它帮助团队来想象特定客户在做日常工作和使用产品时的所思、所感、所闻、所见。对自己客户具有的同理心程度越高，团队就越有可能设计出符合客户期望的解决方案。反过来，同理心地图也有助于梳理用户画像。

图 7-5　同理心地图画布

客户旅程地图

客户旅程地图可识别出一个人完成目标所经历的过程[1]（见图 7-6）。其展示了

1　参见链接 17。

客户从初次接触产品到实现自身的目标,从而与品牌建立积极且长期的关系这一过程中所拥有的体验。

客户旅程地图(抵押贷款)

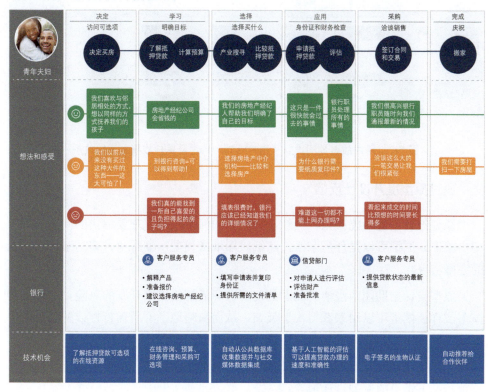

图 7-6　消费贷款方面的一张客户旅程地图

故事地图

故事地图是一种组织故事并对其进行优先级排序的方法(见图 7-7)。其使用户的工作流动变得清晰可见,并显示了用户活动与解决方案的特性和实现这些活动所需的故事之间的关系。故事地图还有助于对一组相关的故事进行优先级排序,并确保将概念上完整的一组系统行为一起发布。[1]

1　参见链接 18。

图 7-7　用户故事地图建立了用户活动和特性及用户故事之间的关系

通过原型提升设计反馈

原型设计创建功能模型，为解决方案将如何潜在地处理要解决的问题提供了初步验证。原型可以是任何东西，从纸质图纸或模型，到解决方案的某一项功能的完整实现。

原型设计帮助团队澄清对问题的理解，降低解决方案开发的风险。这些实物模型或样板模型可以用来获得快速反馈，从而清晰地了解所需特性或解决方案的需求，以及新的知识产权和专利申请。

为了获得切实可行的反馈，团队应努力利用成本最低、速度最快、最适合在每种情况下学习的原型设计形式。

7.3　按节奏开发，按需发布

敏捷产品交付的第二个维度是按节奏开发但按需发布。这个维度有助于以客户为中心的企业向市场和客户提供持续的价值流动（见图 7-8）。

如原则 7 所述，将节奏应用于开发，可以使常规的事情成为例行公事，并提高产品开发固有不确定性的可预测性。然而，产品发布的时机则是另一回事。发布时机和频率由市场和客户的需要，以及价值交付的经济状况来决定。一些企业可能会频繁发布（持续发布、每小时发布、每天发布、每周发布），而另一些企业可能会受到合规要求或其他市场节奏的限制，导致产品的发布频率降低。规模化敏捷框架（SAFe）将这些能力统称为按需发布。

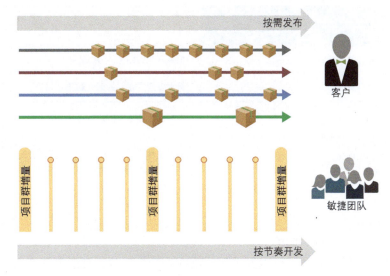

图 7-8　按节奏开发和按需发布

如图 7-8 所示，项目群增量（Program Increment，PI）是一个更大跨度的时间盒，它是一个由多个迭代组成的计划间隔，在此期间，规模化敏捷团队（一个 ART），以可工作的、经过测试的解决方案的形式交付增量价值。通常，PI 是一个固定的 8～12 周的周期，包括 3～5 个开发迭代，然后是一个创新与计划（Innovation and Planning，IP）迭代。当市场更具活力时，通常会采用较短的 PI。发布可以在 PI 期间的任何时间，以任何频率发生。

项目群待办事项列表

火车的工作由项目群待办事项列表来定义，这个待办事项列表包括将要实现的特性，这些特性旨在满足用户的需要和交付业务收益。

特性是产品或服务的鲜明特征，它们可以满足利益相关者的需要。产品经理与产品负责人和其他主要利益相关者合作，在 ART 的本地上下文中定义特性。特性的规模被调整为可以在单个 PI 或更短的时间内交付，并使用特性和收益（Features And Benefits，FAB）矩阵进行详细说明（见图 7-9）。

- **特性**。一个简短的短语，给出一个带上下文的名字。
- **收益假设**。对最终用户或业务提出的可度量的收益。

特性	收益假设
软件在线升级	显著减少计划内的停机时间
硬件VPN加速	针对安全广域网的高性能加密
通信拥塞管理	提升跨不同协议的总体服务质量
路由优化	通过更快、更可靠的连接提高服务质量

图 7-9　特性和收益（FAB）矩阵

使能特性是一种技术投资，使能特性创建了支持未来业务功能的架构跑道。项目群看板（见本章后面的部分）用于维护使能和业务特性。它促进了开发和维护解决方案所需的所有工作之间的健康平衡。特性接收标准通常是在项目群待办事项列表梳理中被定义的。

待办事项列表被非功能性需求（NFR）"锚定"，非功能性需求有助于确保系统的可用性和有效性。非功能性需求定义了系统的属性，如安全性、可靠性和可扩展性，并成为系统设计的制约因素。如果其中的任何一项不能被满足，都会导致系统无法满足业务、用户或市场的需要，或者无法满足监管机构或标准机构可能提出的其他要求。与特性不同的是，当非功能性需求完成之后，不用进入和离开待办事项列表；相反，它们是持久的质量要求和限制，用于治理所有新开发的内容。

确定项目群待办事项列表的优先级

产品管理者主要负责开发和维护待办事项列表，并就特性实现的顺序做出决定。SAFe 应用了一个名为"加权最短作业优先"（Weighted Shortest Job First，WSJF）的综合模型，根据产品开发流动的经济性来确定工作的优先级。[1] WSJF 的计算方法是将工作的延迟成本（Cost of Delay，CoD）除以工期。在最短的时间内能够提供最大价值（或 CoD）的工作，通常被优先选择实施。

在 SAFe 中，"作业"（job）是待办事项列表中的特性。由于在计划实现特性之前，很难确定它们的持续时间，因此 SAFe 通常使用相对的作业规模作为持续时间的代理。在基于 CoD 的方法中，也可以使用相对代理进行衡量。CoD 包含三个主要组成部分，如图 7-10 所示。

1　Don Reinertsen, *Principles of Product Development Flow: Second Generation Lean Product Development* (Celeritas Publishing, 2009).

图 7-10　CoD 有三个主要组成部分

我们使用一个简单的表格对作业进行对比，为每个特性计算 WSJF（见图 7-11）。除非这些作业之间存在顺序的依赖关系，否则得分最高的特性将被率先实现。

特性	用户–业务价值	时间的紧迫性	风险降低 / 机会实现的价值	延迟成本（CoD）	作业规模	加权最短作业优先（WSJF）
	+	+	=	÷	=	
	+	+	=	÷	=	
	+	+	=	÷	=	

- 每个参数的取值范围：1,2,3,5,8,13,20
- 注意：每次做一列，从最小项开始，并给它赋值"1"。
- 每列必须至少有一个"1"！
- WSJF 分值最高的特性优先级最高。

图 7-11　用于计算 WSJF 的表格

每一个特性相对于其他特性，分别对 CoD 和作业规模的三个组成部分进行估算。每一列中最小的一项被设置为"1"，同一列中的其他项相对于该项进行估算。CoD 是每一项的前三个属性之和。WSJF 的计算方法是 CoD 除以作业规模。WSJF 最高的作业是接下来要做的最重要的作业。

执行 PI 的事件

正如我们接下来将要描述的，待办事项列表是由敏捷交付流水线（CDP）的活动来实现和交付的。如图 7-12 所示，在每个 PI 期间，按节奏开发是由一系列额外的基于节奏的事件所支持的。

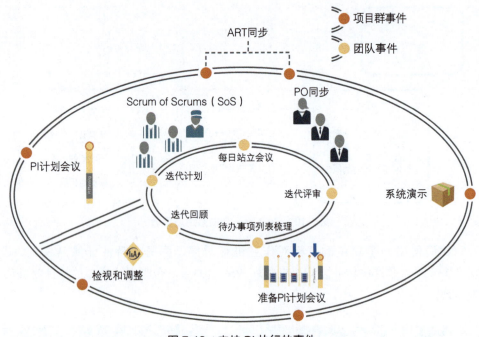

图 7-12　支持 PI 执行的事件

以下各节将逐个介绍这些事件。

PI 计划会议

"谁来执行工作，就由谁来制订工作计划。"

——一条 SAFe 宗旨

PI 计划会议是一个基于节奏的事件，这个事件是 ART 的"心跳"，它使 ART 上的所有团队都具有共同的使命和愿景（见图 7-13）。PI 计划会议尽可能面对面地进行。对于分布在不同地理位置的 ART，PI 计划会议可以在多个地点同步进行，各地点之间保持持续稳定的音频和视频通信。在某些情况〔如撰写本稿时正在发生的 COVID-19（新型冠状病毒肺炎）危机〕下，PI 计划的执行是完全分布式的。高级主题文章《使用 SAFe 的分布式 PI 计划会议》（"Distributed PI Planning with SAFe"）[1] 为成功管理这种情况，提供了附加指导和注意事项。

PI 计划会议由发布火车工程师（Release Train Engineer，RTE）引导，参加人员包括了 ART 的所有成员。该事件通常需要 2 天时间，将在创新与计划（IP）迭代中进行，这样可以避免对其他迭代的进度和容量造成影响。PI 计划会议对

1　参见链接 19。

SAFe 至关重要：如果你不做 PI 计划会议，你就不是在做 SAFe。

图 7-13　面对面的 PI 计划会议。远程团队使用视频会议在同一时间制订计划

PI 计划会议的业务收益

PI 计划会议能带来许多业务收益，包括：

1. 使开发工作与业务上下文和目标、愿景、团队 PI 目标，以及 ART PI 目标保持一致。
2. 建立 ART 所依赖的社交网络。
3. 识别依赖关系，促进跨团队和跨 ART 的协作。
4. 为"及时"和"适量"的需求、设计、架构和用户体验指导提供机会。
5. 使要求与容量相匹配，并消除多余的在制品（Work in Process，WIP）。
6. 决策更快。所有相关方都专注于相同的目标，而且能实时地进行考虑并做出必要的权衡。

PI 计划会议的输入与输出

PI 计划会议的输入包括业务上下文、路线图和愿景，以及项目群待办事项列表中优先级最高的 10 个特性。PI 计划会议的输出包括以下内容：

- **承诺的 PI 目标**。由每个团队创建的一组"SMART"[1]的目标，并由业务负责人分配业务价值。
- **项目群公告板**。它强调了特性交付日期、团队之间的依赖关系和相关的里程碑。

---

[1] SMART 是 Specific（具体的）、Measurable（可度量的）、Achievable（可实现的）、Realistic（实际可行的）和 Time-bound（有时限的）这几个词的首字母缩写。

进行 PI 计划会议

RTE 引导 PI 计划会议，该事件的参与者包括业务负责人、产品管理者、敏捷团队、系统架构师和工程师、系统团队，以及其他利益相关者，所有这些人都必须做好充分的准备。业务负责人积极参与此事件，为确定业务价值的优先顺序提供了必不可少的护栏。图 7-14 显示了典型的、标准的、为期 2 天的 PI 计划会议议程。

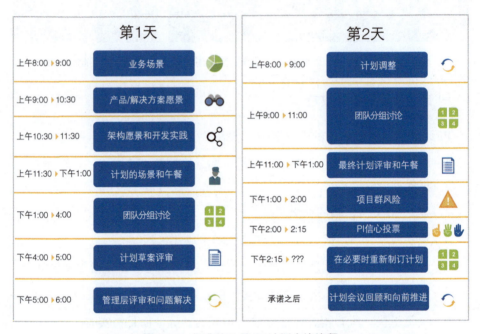

图 7-14　标准的 2 天 PI 计划会议议程

第 1 天的议程

- **业务场景**。业务负责人或高层管理者描述业务现状，分享投资组合愿景，并就现有解决方案如何有效满足当前客户需要提出自己的看法。
- **产品愿景**。产品管理者介绍当前的愿景（通常，用下一批即将推出的优先级最高的 10 个特性来表示），并强调与上一次 PI 计划会议相比的任何变化，以及任何即将到来的里程碑。
- **架构愿景和开发实践**。系统架构师和工程师（通常是 CTO 或企业架构师）介绍架构变更的愿景，高级开发经理可能会为即将到来的 PI 介绍新的或修订的敏捷开发实践（例如，引入测试驱动开发或调整持续集成/持续部署流水线）。

- **计划的场景和午餐。**RTE 介绍 PI 计划事件的计划流程和预期成果。
- **（第一次）团队分组讨论。**在第一次分组讨论中，各团队估算其每个迭代的容量，并确定他们实现这些特性可能需要的待办事项列表条目。每个团队逐个迭代创建各自的计划草案，这些内容对所有人都是可见的。

在 PI 计划会议期间，项目群公告板（见图 7-15）用于可视化和跟踪依赖关系，并识别可以消除或减少依赖关系的机会。

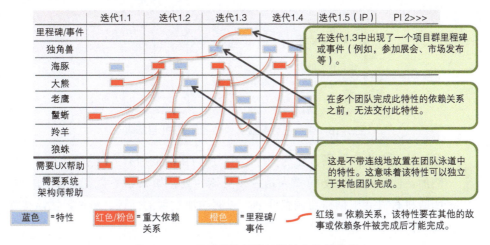

图 7-15 项目群公告板展示特性和依赖关系

- **计划草案评审。**在时间盒里对计划草案进行评审期间，团队提出关键的计划输出，其中包括容量和负载、PI 目标草案、潜在风险和依赖关系。业务负责人、产品管理者，以及其他团队和利益相关者都要进行评审并提供意见。
- **管理层评审和问题解决。**几乎可以肯定的是，计划草案已经确定了与工作范围、人员和资源限制，以及依赖关系有关的挑战。在问题解决会议上，管理层可能会就工作范围变化进行协商，通过对各种计划进行调整并达成一致意见来解决其他问题。

第 2 天议程

- **计划调整。**从第二天开始，管理层介绍对计划范围、人员和资源所做的任何变更。
- **（第二次）团队分组讨论。**接下来，各团队根据前一天的议程继续制订计划，并进行适当的调整。他们最终确定 PI 的目标，业务负责人为其分配业务价值，如图 7-16 所示。

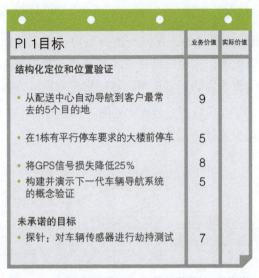

图 7-16 带有已分配业务价值的团队 PI 目标表

- **最终计划评审和午餐**。在这一环节中，所有团队向所有人展示他们的计划。然后，团队询问业务负责人是否接受该计划。如果业务负责人有所顾虑，团队将有机会根据需要调整计划，以解决所发现的问题。最后，团队再次展示他们修改后的计划。

- **项目群风险**。在 PI 计划会议期间，团队已经识别出了项目群风险和障碍，这些风险和障碍可能会影响团队实现各自目标的能力。这些风险是在整个火车面前进行处理的，并被归纳为以下 ROAM（Resolved，Owned，Accepted，Mitigated）类别中的一类：

  - 已解决（Resolved）——团队一致认为该风险不再是一个问题。
  - 已承担（Owned）——火车上有人作为该风险的负责人，因为在 PI 计划会议期间无法完全解决该风险。
  - 已接受（Accepted）——有些风险只是必须理解和接受的事实或潜在问题。
  - 已减轻（Mitigated）——团队确定了一个降低风险影响的计划。

- **PI 信心投票**。一旦项目风险得到处理，团队就会对实现团队 PI 目标的信心进行投票。每个团队都采用"五指拳"的方式进行信心投票，通过伸出手指来代表完成目标的信心。如果投票结果的平均数是三根手指或以上，那么管理层应该接受团队制订的计划。如果有人只伸出了两根手指或一根手指，那么应该给这些人表达的机会，请他们说出自己的担忧。这样可能会增加风险清单，需要重新制订一些计划，或者只是提供信息。一旦每个团队都进行了投票，整个 ART 就会重复这个过程，每个人都要表达他们对集体计划的信心。

- **在必要时重新制订计划。** 如有必要，各团队会重新制订计划，直到达到较高的信心程度。在这种情况下，对协调一致和承诺的重视，要远高于遵守时间表。
- **计划会议回顾和向前推进。** 最后，RTE 带领大家对 PI 计划事件进行简单的回顾，以了解哪些地方做得好，哪些地方做得不好，以及哪些地方下次可以做得更好。

在项目群增量的过程中，ART 继续执行 PI，跟踪进度，并根据需要调整计划，以适应所学习的新知识。PI 的执行始于所有团队对第一次迭代制订计划，他们将以 PI 计划的成果作为起点。

Scrum of Scrums 和产品负责人同步会（ART 同步会）

PI 计划会议之后，RTE 通常引导每周（或根据需要更频繁）的 Scrum of Scrums（SoS）和产品负责人同步会。SoS 会议帮助协调 ART 之间的依赖关系，并将进展和障碍以可视化的方式呈现出来。RTE、Scrum Master，以及其他人员（在适当的情况下）针对里程碑和 PI 目标，开会评审其进展，还会评审团队之间的依赖关系。该事件的时间盒为 30～60 分钟，之后还将设置一个"会后碰面"（meet after）的活动。如果有人还有未解决的具体问题或疑问，可以留下来参加这个"会后碰面"活动。图 7-17 显示了一个 SoS 事件的推荐议程。

Scrum of Scrums
- 将进度和障碍可视化
- 由RTE引导
- 参与人员：Scrum Masters、其他精选团队成员、必要的领域专家（SME）
- 每周一次或更加频繁，每次会议为30～60分钟
- 遵守时间盒的约定，然后由一个"会后碰面"活动进行跟进

ART同步会

PO同步会
- 将工作的进度、范围和优先级调整可视化
- 由RTE或PM引导
- 参与人员：产品管理者、PO、其他利益相关者，以及必要的领域专家（SME）
- 每周一次或更加频繁，每次会议为30～60分钟
- 遵守时间盒的约定，然后由一个"会后碰面"活动进行跟进

图 7-17　ART 同步会，Scrum of Scrums 和 PO（产品负责人）同步会

和 Scrum of Scrums（SoS）一样，产品负责人和产品管理者也经常举行产品负责人同步会。该事件通常每周发生一次，或根据需要更频繁地发生。产品负责人同步会也是有时间盒（30～60 分钟）的，并包括一个同步会之后的"会后碰面"

（meet after）活动来进行后续的讨论。有时，SoS 会和产品负责人同步会可以合并为一个事件，即"ART 同步会"（见图 7-17）。

系统演示

系统演示是在每个迭代结束时发生的重要事件，它针对系统的有效性、可用性和可发布性提供了快速反馈（见图 7-18）。它为 ART 在过去的一个迭代中所交付的新特性提供了一个集成视图，为 PI 内系统级的进展和速度提供了一个基于事实的度量。

图 7-18　系统演示

这个演示是在类似生产的环境（通常是准生产环境）中进行的，以便接收利益相关者的反馈。它有助于确保在同一 ART 上的团队之间定期进行集成，而且整个系统所涌现的行为也可以在演示中进行评估。这些利益相关者包括各个团队、业务负责人、高层管理者发起人、开发管理者，以及客户（或客户的代理人），他们提供输入信息，从而保证解决方案的开发是恰当的。这些反馈是至关重要的，因为只有他们才能为 ART 提供所需的指导，让 ART 保持原有的航向或做出调整。

准备下一个 PI 计划事件

虽然我们注意到这项活动是一个 PI 事件，但实际上，为即将到来的 PI 做准备是一个持续的过程，其主要有三个聚焦领域。

- 协调一致，为计划做到组织准备就绪。
- 待办事项列表和内容准备就绪。
- 设施准备就绪——实际上这是事件的后勤工作。

由于以上这几项中的任何一项都可能干扰潜在的成果，即产出一个承诺的

PI 计划，因此需要对所有这三个聚焦领域进行仔细考虑和计划。

检视和调整

检视和调整（I&A）是一个重要事件，在每个 PI 的结尾时举行，且刚好在下一个计划会议之前。它由三部分组成。

1. **PI 系统演示**。这个演示与常规的系统演示有些不同，因为它展示了 ART 在整个 PI 中所开发的所有特性。在这个演示中，业务负责人与每个团队进行协作，从而就其特定的 PI 目标所实现的实际业务价值达成一致。
2. **定量和定性度量**。团队共同评审他们决定收集的任何定量和定性的度量指标，然后讨论数据和趋势。一个主要的度量指标是项目群的可预测性。RTE 总结了每个团队 PI 目标的计划业务价值与实际业务价值，以创建总体的项目群可预测性度量指标。
3. **回顾和问题解决工作坊**。ART 进行简短的回顾，其目标是确定其希望解决的几个重要问题。为了解决系统性问题，一个结构化的、根本原因"问题解决工作坊"被用来确定问题的实际根本原因。工作坊的结果是，产生一组改进待办事项列表条目，并会进入项目群待办事项列表，以便在 PI 计划会议期间进行处理。

7.4 DevOps和持续交付流水线

敏捷产品交付的第三个维度是 *DevOps 和持续交付流水线*（CDP）。要想具备无论何时（只要市场或客户有需求）都能够可靠且高质量地进行发布的能力，就需要拥抱 DevOps 的思维和文化，并创建一个自动化的持续交付流水线（CDP）。

拥抱 DevOps 思维、文化和实践

随着数字化颠覆式创新不断地改变世界，随着软件在每个公司所提供和支持产品及服务的能力中扮演着越来越重要的角色，企业需要通过数字化解决方案，对客户的要求做出更快的反应。

由《凤凰项目》（*The Phoenix Project*）[1] 和《DevOps 实践指南》（*The DevOps Handbook*）[2] 所推广的"DevOps"运动，旨在通过共同承担加速交付的工作和责任，

---

[1] 基恩·金（Gene Kim），*The Phoenix Project: A Novel about IT, DevOps, and Helping Your Business Win*，Kindle 版（IT Revolution Press, 2018）。
[2] Gene Kim, Jez Humble, Patrick Debois, and John Willis, *The DevOps Handbook: How to Create World-Class Agility, Reliability, and Security in Technology Organizations* (IT Revolution Press, 2016).

从而更好地对齐开发、运营、业务、信息安全，以及其他各个领域的工作。

DevOps 采用一种思维方式、文化，以及一系列实践，这些实践可以为客户提供解决方案要素，而无须进行交接，也不需要过多的外部生产或运营支持。

SAFe 针对 DevOps 的 CALMR 方法（见图 7-19）基于五个概念：文化、自动化、精益流动、度量，以及恢复。

图 7-19　DevOps 的 CALMR 方法

- 文化（Culture）代表了在整个价值流中，快速交付价值的责任共担哲学。
- 自动化（Automation）代表着需要尽可能多地从流水线上去除人为干预，以减少错误，并缩短发布流程的周期时间。
- 精益流动（Lean Flow）确定了限制在制品（WIP）、减少批次规模和管理队列长度的实践（SAFe 原则 6）。
- 度量（Measurement）通过了解和量化流水线中的价值流动，促进团队的学习和持续改进。
- 恢复（Recovery）系统构建的能力，允许通过自动回滚和修复前滚（在生产环境中），快速修复生产环境中出现的问题。

DevSecOps

然而，DevOps 并不仅仅是关于开发和运营的。过去，在接近实现阶段的尾声时，有一个专门的小组专职负责安全测试。当阶段－门限式的开发周期持续数月或数年时，这种做法没什么问题。今天，过时的安全实践甚至会使最有效的 DevOps 举措功亏一篑，并产生难以接受的高昂的社会和财务成本。考虑安全性的开发和运营活动已经变得如此重要，以至于许多人使用"DevSecOps"这一短语来强调将安全性集成到持续交付流水线（CDP）中是至关重要的。

持续交付流水线

持续交付流水线（CDP）代表了工作流动、活动和自动化，它们是引导一项新的功能从构思到按需发布给最终用户所需要的元素。如图 7-20 所示，该流水线由四个方面组成，即持续探索（Continuous Exploration，CE）、持续集成（Continuous Integration，CI）、持续部署（Continuous Deployment，CD），以及按需发布（Release on Demand，RoD）。

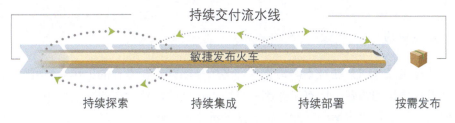

图 7-20　SAFe 持续交付流水线

每一个 ART 都建立并维护一个流水线，或与其他 ART 共享一个流水线，该流水线包括尽可能独立交付解决方案价值所需的资产和技术。流水线的前三个要素（CE、CI 和 CD）共同支持小批次新功能的交付，然后发布这些功能，以满足市场要求。

持续探索

持续探索（CE）促进了对应该构建什么的持续研究，并就结果达成一致。设计思维不断探索市场和客户的需要，并定义了一个愿景、路线图和一组满足这些需要的特性。在此期间，新的想法会被提出、被梳理，并在项目群待办事项列表中作为排定了优先级的特性清单进行准备。在 CE 计划期间，特性被拉动进入"实现"状态，这就开始了持续集成过程。

SAFe 描述了四种主要的 CE 活动（见图 7-21）：

- **假设**描述的是确定想法所需的实践，以及向客户验证这些想法所需的度量。
- **协作和研究**描述的是梳理潜在需求的实践，梳理工作要与客户和利益相关者合作进行。
- **架构**描述的是对技术方法进行构思所必需的实践，该技术方法能够快速实施、交付和支持正在进行的运营。
- **综合**描述的是将想法组织成一个整体愿景、路线图和按优先级排列的项目群待办事项列表的实践，它支持 PI 计划期间业务和架构的最终协调一致。

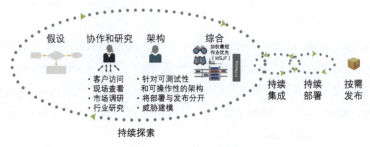

图 7-21　持续探索活动

持续集成

持续集成（CI）通过不断地集成许多敏捷团队正在进行的工作，在开发过程中就重视质量的构建。所有工作都是受版本控制的，新功能被开发和集成到一个完整的系统或解决方案中。然后在合适的准生产环境中进行确认；准生产环境的范围为从基于云的软件系统到物理设备和设备模拟器。

SAFe 描述了四个与持续集成相关的活动（见图 7-22）：

- **开发**描述的是实现故事和将代码及组件提交到主干中所需要的实践。
- **构建**描述的是创建可部署的二进制文件和将开发分支合并到主干中所需要的活动。
- **端到端测试**描述的是确认解决方案所需的方法。
- **准生产环境**描述的是生产之前在准生产环境中托管和验证系统所需的实践。

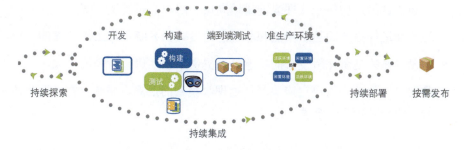

图 7-22　持续集成活动

持续部署

持续部署（CD）捕获了与将解决方案从准生产环境转移到生产环境相关的过程。与持续集成一样，持续部署会因所创建的解决方案的类型及其解决方案上下文的不同而有所不同。要确保解决方案为客户做好准备，需要进行部署和监控，以便在滚动发布、回滚版本或安装增量的更新及补丁方面提供灵活性。

CD 在 SAFe 中包括四个主要活动（见图 7-23）：

- **部署**到生产环境描述的是将解决方案部署到生产环境所需的实践。
- **验证**系统描绘的是确保变更在被提供给客户之前在生产环境中按预期运行所需的实践。
- **监控**问题描述的是对生产环境中可能出现的任何问题进行监视和报告的实践。
- **响应和恢复**描述的是快速解决部署期间发生的任何问题的活动。

图 7-23　持续部署活动

按需发布

正如我们所描述的那样，按需发布（RoD）是根据市场和业务需要，一次性或增量地向客户提供新功能的能力。SAFe 描述了四种 RoD 实践（见图 7-24）。

- **发布**描述的是如何一次性或增量地向最终用户交付解决方案。
- **稳定和运行**描述的是从功能和非功能角度确保系统正常工作所需的流程。
- **度量**描述的是量化新发布的功能是否提供了预期价值所需的实践。
- **学习**描述的是如何决定应该怎样处理收集到的信息,并通过持续交付流水线(CDP)为下一个循环做准备。

图 7-24 按需发布(RoD)的四个活动

按需发布(RoD)对业务敏捷力至关重要,因为决定向谁发布什么,以及何时发布是至关重要的业务驱动力。发布管理为任何即将到来的预定发布或临时发布提供治理。在持续交付环境中,参与者密切监控项目群看板的发布部分。这种监督确保了待办事项条目在需要的时候发布给正确的客户,确保灰度发布和金丝雀发布得到了良好的管理,确保假设得到了评估,并且确保特性开关在生产验证后被移除。

项目群看板

项目群看板(program Kanban)支持特性在持续交付流水线(CDP)中的流动。图 7-25 展示了一个典型的带有在制品(WIP)限制的项目群看板,它管理着每个状态。

新的想法从持续探索开始,并可能源于本地的 ART 或上游看板系统(例如,解决方案看板或投资组合看板)。产品管理者、系统架构师和工程师管理此看板。以下状态描述了看板的流动:

- **漏斗**。所有的新想法在这里都受到欢迎。它们可能包括新功能、现有系统功能的增强,或者使能工作。
- **分析**。当敏捷团队有可用的容量时,他们会进一步探索与愿景保持协调一致,并支持战略主题的新想法。新想法的分析和梳理包括通过协作把一个想法转化为一个或多个特性,这些特性带有特性描述、业务收益假设、接收标准,以及估算的故事点。

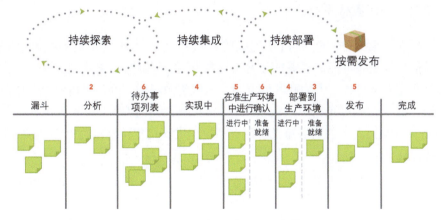

图 7-25 一个典型的项目群看板

- **项目群待办事项列表**。经过分析和批准的最高优先级的特性提前进入此状态，并等待实现。在此状态中，将对特性进行梳理，包括估算和明确接收标准。

- **实现中**。在每个 PI 边界，ART 都会从待办事项列表中选出（拉动方式）最重要的特性，并将其移至"实现中"状态。通过 PI 计划过程，这些特性被拆分为若干故事，并计划进迭代中，随后由团队在 PI 期间进行实现。

- **在准生产环境中进行确认**。在每一次迭代中，特性都会在一个准生产环境中与系统的其他部分进行集成和测试。得到批准的特性将被移至该状态的"准备就绪"部分，在这部分将使用 WSJF，再次对特性进行优先级排序，并等待部署。

- **部署到生产环境**。当有容量可用于部署活动（或立即在全自动化的持续交付环境中进行部署）时，该特性被移动到生产环境中。在将发布与部署分离的系统中，它们被放置在此状态的"准备就绪"部分，以等待发布。该状态是有 WIP 限制的，从而避免已部署但尚未发布的特性被不断积累。

- **发布**。当有足够的价值、市场需要和机会时，特性就会发布给部分或全部客户，然后就可以评估收益假设。尽管特性被移动到"完成"状态，但基于收集到的知识，团队可能会创建新的工作项。

此处描述的看板系统是大多数 ART 的良好起点。但是，看板系统应该进行定制化，以适合 ART 的流程。看板的定制内容包括对 WIP 限制的定义和每个流程状态的策略。

项目群史诗看板系统

规模太大而无法在一个 PI 中完成的 ART 举措，被称为项目群史诗。此外，一些投资组合史诗可能需要被拆分为项目群史诗，以促进增量式的实现。项目群史诗可能会影响财务、人力和其他资源，这些资源可能大到足以需要一个精益业务案例，需要一些讨论，以及需要来自精益投资组合管理（Lean Portfolio Management，LPM）人员的财务审批。估算规模超过既定史诗阈值的史诗，将需要评审和批准。

审批重要的举措是四个关键的精益预算护栏之一（可参见第 9 章了解更多细节）。

项目群增量路线图

PI 路线图用于预测来自待办事项列表的工作的流动（见图 7-26）。它由一系列计划中的 PI 组成，这些 PI 具有确定的里程碑和发布版本。路线图上的每个元素都是计划要在一个特定 PI 中完成的特性。PI 路线图也可以反映在这些周期内发生的固定日期里程碑和学习里程碑。在 PI 期间，可以随时发布功能。

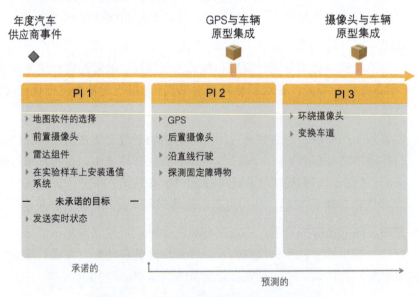

图 7-26　一个自动送货车辆的 PI 路线图示例

图 7-26 中的路线图涵盖了三个 PI，这通常足以将预测传达给利益相关者，包括企业和合作伙伴。

利用市场节奏和市场事件为路线图提供信息

为了给所有利益相关者创造最高价值,以客户为中心的组织,利用市场节奏和市场事件为路线图提供信息。[1] 简单地说,解决方案的收益可能因发布时间的不同而显著不同。

- **一个市场节奏**是一组以可预测的节奏而重复发生的事件。例如,零售商通常会通过升级系统来为节日购物季做准备,以获得竞争优势,并支持更高的交易量。
- **一个市场事件**是一个一次性的未来事件,该事件极有可能对一个或多个解决方案产生重大影响。其可以是外部事件,比如政府法规的发布,也可以是内部创建的事件,比如公司的年度用户大会。

7.5 总结

企业需要考虑是聚焦在执行上,还是聚焦在客户上,而且要在二者之间取得平衡,以确保其在正确的时间为正确的客户创造正确的解决方案。敏捷产品交付将以客户为中心作为基础,把客户放到每个决策的中心。敏捷产品交付使用设计思维来确保可以获得符合期望的、技术上可行的、经济上可行的,以及可持续的解决方案。

按节奏开发有助于团队管理产品开发中固有的可变性。按需发布将发布和开发节奏解耦,以确保客户能在需要时获得所需要的东西。DevOps 和持续交付流水线(CDP)创造了一个基础,使企业能够在任何时候发布全部或部分价值,以满足客户和市场需求。

敏捷产品交付的结果是增强了业务敏捷力,为企业及其服务的客户带来了卓越的成果。

---

1 Luke Hohmann, *Beyond Software Architecture: Creating and Sustaining Winning Solutions* (Addison-Wesley, 2003).

第8章

企业解决方案交付

> "我是一名工程师。我为人类服务,让大家梦想成真。"
>
> ——佚名

企业解决方案交付能力,描述了如何应用精益-敏捷原则和实践来构建、部署世界上最大、最复杂的系统。

8.1 为什么需要企业解决方案交付

人类总有远大的梦想。科学家、工程师和软件开发人员将这些远大梦想变为现实。他们通过定义和协调所有活动来成功地构建和运行大型且复杂的解决方案,从而将这些创新变为现实。但这些都是大型系统,开发这些大型系统具有独特性,因为其面临如下的挑战:

- 开发大型系统的失败造成了不可接受的社会后果和经济后果。
- 开发大型系统需要不同学科和组织的成百上千个人的创新、实验、知识和合作。
- 开发大型系统需要较长前置时间组件的规格说明、设计和采购,其中有许多工作是由外部供应商提供的。
- 开发大型系统受到重大的监管与合规的限制。
- 开发大型系统非常复杂,难以测试和验证。

此外,在这些系统投入使用的几十年中,其目的和任务也在不断演变。这就需要新的能力、技术升级、安全补丁,以及其他增强活动。作为真正的"活体系统"(living system),这些活动从未真正完成,因为系统本身从来不是完整的。

鉴于这些大型系统的复杂性和重要性,敏捷开发对其是否适用呢?或者,我们是否要永远受困于阶段-门限式的开发模型、代理的里程碑,以及在很大程度上被推迟到最后的风险？我们对市场的反应会一直很慢吗？

幸运的是，并非如此。正如我们已经在本书中看到的，对于纯软件系统，先进的敏捷和 DevOps 实践为通过持续交付流水线（Continuous Delivery Pipeline，CDP）来支持频繁的甚至连续的系统升级提供了指导。我们都从这些教训中吸取了经验。今天，一系列创新使我们能够利用这些实践和类似的实践，为这些最大的系统，包括网络物理系统[1]、可编程硬件、物联网（IoT）以及快速成型制造，提供更快、更持续的价值交付。这些创新正在改变"可运营"的定义，甚至目标。系统不是简单地部署一次，然后仅仅得到支持；相反，它们被尽早发布并且不断被更新，允许其开发随着时间的推移而演进。

通过提供关于应用先进的精益、敏捷和 DevOps 实践来定义、构建、部署和推进这些系统的指导，企业解决方案交付能力可以直接应对这项挑战。图 8-1 说明了企业解决方案交付能力的三个维度。

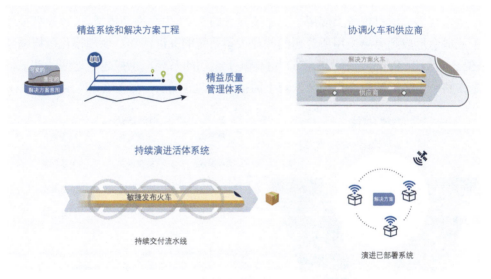

图 8-1　企业解决方案交付能力的三个维度

- **精益系统和解决方案工程**。应用精益-敏捷实践，为世界上最大、最复杂的系统，从规格说明到退役的所有产品生命周期的活动进行对齐和协调。
- **协调火车和供应商**。对扩展的价值流集合（通常是很复杂的）进行协调和对齐，从而共享业务和技术使命。解决方案火车拥有一个共同的愿景，并且对齐待办事项列表、路线图、项目群增量（PI）和同步点。

---

[1] 网络物理系统是由计算和物理组件无缝集成而建立的，并依赖于计算和物理组件的工程系统。（资料来源：美国国家科学基金会。）

- **持续演进的活体系统**。大型系统的架构必须支持持续部署和按需发布。这使得企业能够快速学习、交付价值,并在竞争之前,以更少的投资和更好的成果进入市场。

这三个维度是相辅相成的,有助于塑造高绩效的敏捷团队和规模化敏捷团队,从而使整个企业更好地构建和部署这些系统。下面将进一步描述这些维度。

8.2 精益系统和解决方案工程

精益系统和解决方案工程,是企业解决方案交付能力的第一个维度。它应用精益-敏捷实践来对齐和协调所有规格说明、构建、部署,以及运营这些系统所需的活动。接下来描述的是这个维度的实践。

持续梳理固定的和可变的解决方案意图

系统工程学科传统上应用了大家所熟悉的"V"生命周期模型。[1] 该模型描述了从概念形成到退出使用所经历的构建大型系统的关键活动。像规模化敏捷框架(Scaled Agile Framework,SAFe)这样基于流动的系统,也描述了这些活动;但是在整个生命周期中,它们会以较小的批次持续地发生,如图8-2所示。

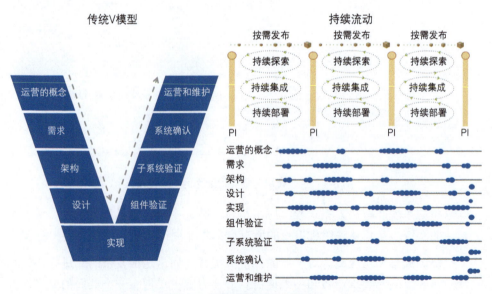

图8-2 持续开展系统工程活动

SAFe 的基于流动的模型(见图8-2)使工程师能够针对每个增量,同时持续

---

[1] 参见链接20。

执行以下类型的活动：探索创新想法、梳理特性、集成和部署特性，以及按需发布价值。

解决方案意图

鉴于正在构建的系统的复杂性，解决方案意图（见图8-3）作为一个中央知识库，被用来存储、管理和交流正在构建什么，以及将如何构建它们。解决方案意图为系统工程的流程提供了许多益处。

- 维护一个单一的真实数据源，该数据源与预期的和实际的解决方案行为相关。
- 记录并沟通需求、设计，以及系统架构决策。
- 引导进一步的持续探索和分析活动。
- 使客户、敏捷团队和供应商对齐到共同的使命和目的。
- 支持合规与合同义务。

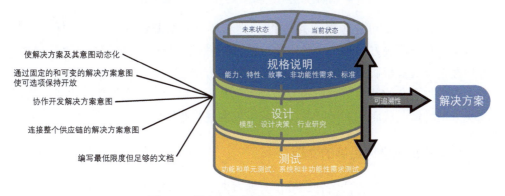

图8-3 解决方案意图是一个中央知识库

复杂系统的开发人员必须不断地了解两件事：系统当前在做什么，以及将来打算做什么变更。关于当前状态和未来状态的知识，可以采用任何合适的形式获取，其包括三个主要元素：规格说明、设计和测试。随着未来意图的实现和演进，解决方案意图将被记录为当前系统状态。

可追溯性有助于确认生命系统和任务关键型系统（以及其他受监管的系统）的构建与预期行为完全一致。它将所有的解决方案意图元素和实现其完整行为的系统组件连接起来。解决方案意图是协作创建的，并在学习的基础上不断演进。

解决方案上下文

每个解决方案都在其环境的上下文（例如，云、工厂、家庭、本地服务器、系统的系统）中运行。由于系统的安装环境和维护环境往往与开发时的环境不同，因此需要将解决方案放置于一个上下文中，用于了解解决方案的需求、使用、安装、运营和支持。所以，理解解决方案上下文对于降低风险和实现目标至关重要。使解决方案意图与解决方案上下文保持一致（见图8-4），需要以客户为中心的思维和协作。

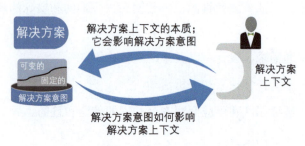

图 8-4　解决方案意图和解决方案上下文相互影响

例如，客户尽可能频繁地参与 PI 计划和解决方案演示事件，以确保开发人员与客户对于解决方案理解上的协调一致。随着解决方案的规模和复杂度的增加，客户经常将这些解决方案集成到其特定的解决方案上下文中。理想情况下，这些集成周期与火车的节奏协调一致，因此可以基于正确的假设来构建、集成和部署解决方案增量，从而允许对开发中的解决方案进行频繁确认。

编写最低限度但足够的文档

使用基于文档的方法来管理解决方案意图和上下文，是无法进行规模化扩展的。事实上，文档很快就会变得过时，而且彼此不一致。替代的方法是使用一组相关的数字模型，用于定义、设计、分析和记录正在开发的系统。有些模型详细说明了系统需求和设计，而其他模型则详细说明了特定领域（如电气、机械或某些系统属性）的相关元素。

将模型进行连接，可以确保系统的完整性和覆盖范围（见图8-5）。例如，工程师可以看到是否所有的需求都由组件来实现，并被测试所覆盖。他们可以识别更换一个组件所带来的影响，包括受到影响的需求和测试。这些模型共同记录并向不同的关键利益相关者通报系统做什么以及怎么做。

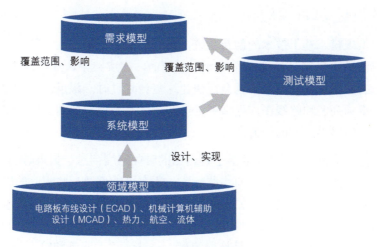

图 8-5　连接跨领域模型

解决方案意图通过使用更加灵活的方法来管理和沟通规格说明，将每个人都对齐到一个共同的方向上。与解决方案意图相配套的解决方案上下文定义了系统的约束——部署、环境和运营。

因为大型解决方案的解决方案意图和上下文，向下流动进入了组件和子系统，所以解决方案意图和上下文就能提供方案实现的灵活性，以便团队可以制定本地需求和设计决策。例如，如图 8-6 所示，当下游团队（系统、子系统和组件）实现决策时，从持续探索、持续集成和持续部署中获得的知识就会向上游反馈，并将决策从可变的（未决定的）状态移动到固定的（决定的）状态。

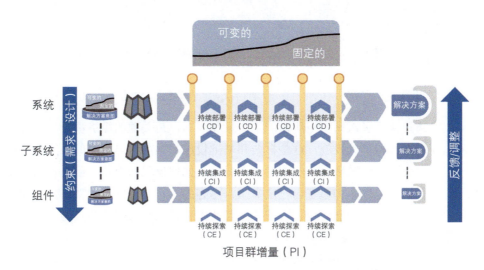

图 8-6　增量反馈将解决方案意图从可变的状态演进到固定的状态

应用多重计划时间跨度

构建大规模、基于技术的创新系统，具有很高的不确定性和风险。降低风险的传统方法是事先制订详细的长期计划。然而，在实践中，规格说明中的差距、不断演进的业务需求和技术问题会很快让这些计划过时。相反，敏捷团队和火车使用待办事项列表和路线图，提供更灵活的方法来管理和预测工作，使团队能够在每次增量中提供最大的价值。

有效的路线图制定工作，需要了解适当的时间跨度信息。如果时间跨度太短，企业可能无法实现战略和执行的协调一致，还有可能危及一些相应的能力，以致无法实现未来的特性和功能。如果时间跨度太长，企业就会把假设和承诺建立在不确定的未来之上。多重计划时间跨度提供了短期计划和长期计划之间的平衡（见图 8-7）。计划时间跨度的外环是长期跨度，描述了不太明确和较少承诺的行为；而内环则是短期跨度，定义了更易于理解和有更多承诺的解决方案行为（见图 8-7）。

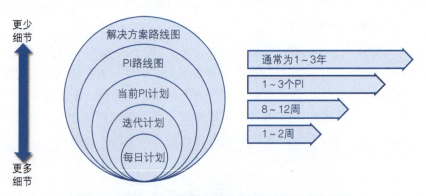

图 8-7　多重计划时间跨度有助于制订切实可行的计划

支持规模化、模块化、可发布性和可服务性的架构

架构选择决定了未来变更所需的工作量和成本，是关键的经济决策。软件开发可以利用框架和基础设施，这些框架和基础设施提供了开箱即用的成熟架构组件。相反，大型网络物理系统的构建者需要定义他们自己的组件，应用意图架构和浮现式设计。这种由构建者自己定义工作内容的方式，可以鼓励架构师和团队之间的合作，以创建一个弹性系统,使团队和 ART 人员能够独立构建、测试、部署，甚至发布大型解决方案的部分内容。

开发人员和工程师应用基于集合的设计（参见 SAFe 原则 3），在开发过程中尽可能长时间地保持需求和设计选项的灵活性。他们不是事先选择一个单点解方案，而是识别并同时探索多种选项，并随着时间的推移消除较差的选项。在验证假设之后才承诺采用技术解决方案，这就提高了解决方案的灵活性，从而可产生更好的经济效果。

有了正确的架构，系统的元素就可以独立发布。图 8-8 展示了一个自动送货系统，它被设计成能够独立发布系统元素。下面是一些例子：

- 一个在云端运行的软件应用程序，会持续部署并频繁发布。
- 车辆中运行的嵌入式代码，通过空中下载，部署和发布的频率较低。
- 硬件更新（如传感器、CPU）通常需要让车辆停止服务，并可能需要重新认证，因此硬件更新频率较低。

尽管有些设计选项可以支持持续的价值交付，可能会带来更高的单位收益，也可能会实现更灵活的硬件和车辆通信；但是，由于这些设计选项支持更频繁的更新，并增强了一些未来的灵活性，因此产品的整体收益和终身价值却大大地降低了。

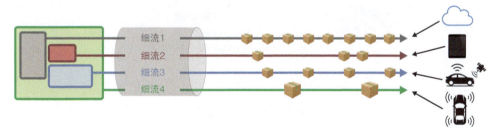

图 8-8　架构影响独立发布系统元素的能力

持续解决合规问题

一个大型系统的失败可能会产生不可接受的社会后果和经济后果。为了保护公众安全，这些系统通常受制于重要的监管监督和合规需求。质量管理体系（Quality Management Systems，QMS）帮助系统构建者确保产品质量达标、降低风险，并定义那些用来确认安全性和适当解决方案行为的实践。

然而，大多数质量管理体系都是基于传统的顺序开发方法创建的，这些方法通常假定（或强制）预先对规格说明和设计、详细的工作分解结构，以及以文档为中心的阶段 - 门限里程碑进行了承诺（见图 8-9 的上半部分）。

取而代之的是，实施精益质量管理体系（见图 8-9 的下半部分），以帮助系统构建者实现合规目标，并使进展变得更加明显。这些实践包括：

- 增量式构建解决方案和合规性；
- 针对价值和合规性进行组织；
- 内建质量和合规性；
- 持续验证和确认工作；
- 按需持续发布经过确认的解决方案。

这些实践保证了合规工作发生在整个产品开发过程中，而不是只在最后的检查过程中进行，后者将经常导致大量的返工和延误。

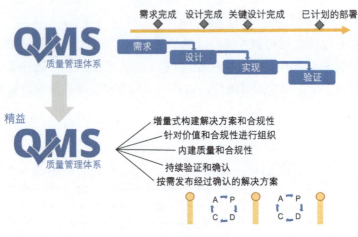

图8-9 转向精益QMS

8.3 协调火车和供应商

协调火车和供应商是企业解决方案交付的第二个维度。这个维度帮助组织管理和对齐构建这些系统所需的复杂价值流网络，以实现共同的业务和技术使命。这个维度通过一组共同的PI和同步点来协调愿景、待办事项列表和路线图。这个维度的各部分内容将在下面进行描述。

通过解决方案火车构建和集成解决方案的组件与能力

解决方案火车协调多个ART和供应商来构建复杂的解决方案，这些解决方案需要数百甚至上千人来构建（见图8-10）。

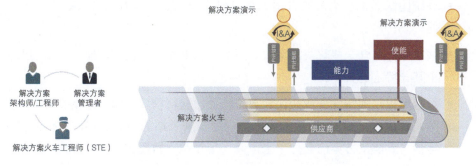

图 8-10 解决方案火车使 ART 和供应商对齐

随着系统规模的扩展，敏捷发布火车之间的协调一致变得更加关键。为了共同计划、演示、学习和改进，解决方案火车将其所有的 ART 按照一个共同的节奏进行对齐。解决方案火车中的 ART 至少在每一个 PI 中集成各自的解决方案，以确认这些 ART 正在构建正确的东西，并验证技术假设。

对于构建软件解决方案的团队来说，更频繁的集成是可能的（参见以下"应用'持续'集成"的内容）。组件（如硬件）的前置时间较长的 ART 可以通过代理（如模拟、打桩、原型）进行增量式交付和演示，这些代理可以与整体解决方案集成，并支持早期验证和学习。

解决方案火车角色

除 ART 人员外，解决方案火车还需要更多的角色。这些角色如下所示：

- **解决方案火车工程师**（Solution Train Engineer，STE）是解决方案火车的仆人式领导和教练。他们引导解决方案火车中的事件，并与发布火车工程师（Release Train Engineer，RTE）协作，协调跨多个 ART 和供应商的交付。
- **解决方案管理者**负责制定愿景、路线图和待办事项列表，以交付整体解决方案。他们与产品管理者进行跨 ART 的协作，以对齐 ART 的路线图，定义能力，并将其拆分为 ART 的待办事项列表中的特性。
- **解决方案架构师和工程师**跨 ART 协作，与各个火车的系统架构师、工程师一起定义技术和架构。

此外，以下角色对于解决方案火车的成功起到了至关重要的作用：

- **客户**是解决方案的最终买家，并参与到 SAFe 的各个层级中。他们与解决方案管理者、产品经理和其他关键的利益相关者密切合作，以形成解决方案意图、愿景，以及开发所需的经济框架。

- **系统团队**通常会为解决方案火车组建系统团队，以解决跨 ART 的集成问题。

- **共享服务**包含一些解决方案成功所必需的专家，但他们可能并不专门服务于某一特定的火车。

- **供应商**提供独特的专业知识和系统组件，这可以减少解决方案交付的前置时间和成本。SAFe 指导企业将供应商作为长期的商业伙伴，让他们积极地参与到解决方案的交付中来，并采用精益-敏捷的思维和实践，以实现双方的共同利益。

解决方案待办事项列表

解决方案待办事项列表是即将实现的能力和使能的存放区域，解决方案待办事项列表的每个条目都可以跨越多个 ART，旨在推进解决方案并构建其架构跑道。

能力类似于特性；然而，它是一个高层级的解决方案行为，通常会跨越多个 ART。能力的规模经过估算调整，并被拆分成多个特性，以便能在单个 PI 中实现。

能力表现出与特性相同的特征和实践。例如，它们

- 使用短语和利益假设进行描述，并具有接收标准
- 估算调整规模以适合于一个 PI；然而，它们往往需要多个 ART 来实现
- 使用解决方案看板使其可见，并被分析
- 有相关的使能来描述所有必要的技术工作，并使其可视化，以支持能力的有效开发和交付
- 由解决方案经理定义，他们使用接收标准来确定功能是否符合使用要求
- 使用加权最短作业优先（WSJF）进行优先级排序

能力可能来源于解决方案火车的本地上下文中，也可能是拆分了横跨多个价值流的投资组合史诗的结果。另一个潜在的能力来源是解决方案上下文，其中环境的某些方面可能需要新的解决方案功能。

解决方案看板

解决方案看板遵循与项目群看板相同的结构和流程。不过，与项目群看板有所不同的是，该看板的管理人员是解决方案管理者和解决方案架构师，该看板中出现的条目是能力而不是特性。另外，在必要的时候，解决方案火车为解决方案史诗实现了一个解决方案史诗看板系统，其运作方式类似于项目群史诗看板。

解决方案火车计划

解决方案火车计划为 ART 和供应商提供了一种方式，以协调建立下一个 PI 的统一计划。它还促进了整个解决方案火车的团队建设，这有助于建立实现高绩效所需的社交网络。解决方案火车引入了两个额外的事件（PI 计划前和 PI 计划后）来协调其 ART 的 PI 计划，如图 8-11 所示。

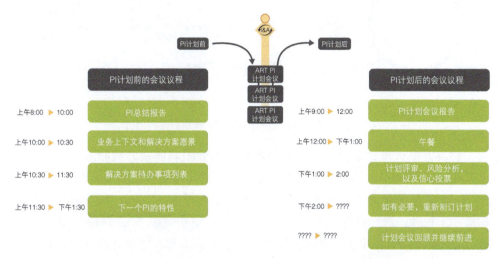

图 8-11　解决方案火车 PI 计划前和 PI 计划后的会议议程

PI 计划前事件，将来自解决方案各部分的利益相关者聚集在一起，为即将到来的增量创建一个清晰的愿景和上下文。输入的信息包括当前的解决方案路线图、愿景、解决方案意图，以及解决方案待办事项列表的高优先级能力。参加者包括以下人员：

- **解决方案火车领导者**。这包括解决方案火车工程师（Solution Train Engineer，STE）、解决方案管理者、解决方案架构师和工程师、解决方案系统团队，以及可能的客户代表，特别是定制系统的客户代表。
- **来自 ART、供应商的代表**。这通常包括 RTE、产品管理者、系统架构师和工程师、客户和其他关键利益相关者。

PI 计划后事件，总结了每个 ART 的 PI 计划的结果，以确保其与即将到来的增量保持协调一致。PI 计划后事件就即将实现的解决方案的 PI 目标达成一致，并在下一个解决方案演示中展示。

PI 计划前和 PI 计划后，这两个事件的发生，在合理的情况下要尽可能地接近 ART 计划事件。虽然这并不总是可行的，但最好让所有 ART 同时制订计划。

这样就会允许存在一个联合的解决方案层上下文和愿景简报。而且，这个愿景简报可以支持在第二天计划之前，对任何调整进行解决方案层的管理评审，如图8-12所示。

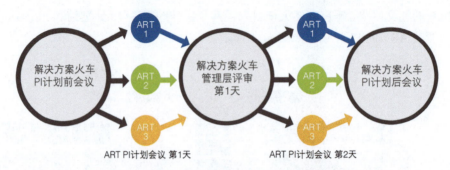

图 8-12　解决方案火车与ART PI计划会议的对齐

解决方案火车计划的实际后勤情况，可能会限制解决方案利益相关者参与每个ART计划事件。然而，关键的利益相关者要尽可能多地参与ART PI计划事件——尤其是解决方案管理者、解决方案火车工程师（STE），以及解决方案架构师和工程师，这一点至关重要。通常情况下，这些解决方案的利益相关者可以通过在不同的ART PI计划会议间循环走动的方式来参加这些ART PI计划会议。供应商和客户在这里也起着至关重要的作用，他们也应该派出代表来参加这些ART PI计划会议。

在PI计划后事件之后，解决方案火车应该就即将实现的解决方案PI目标达成一致，并在下一次解决方案演示中进行展示。解决方案火车计划事件带来的好处与单个ART的PI计划类似。此外，PI计划后事件确保了需求与容量相匹配，并消除了潜在的过多在制品（Work In Process，WIP）。一个成功的事件交付三个基本工件：

- 一组"SMART"的解决方案火车PI目标，其中也包括任何已计划但未承诺的目标，以及业务负责人设定的业务价值。
- 一个解决方案计划公告板（见图8-13），它突出强调了能力及其依赖关系、预计交付日期，以及任何其他相关的里程碑。
- 一个基于信任投票的承诺，以实现解决方案火车的PI目标。

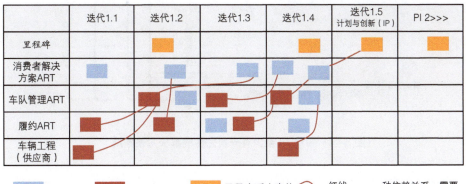

图 8-13　解决方案计划公告板示例

应用"持续"集成

在软件领域,持续集成是持续交付的"心跳"。它验证整个解决方案中的变更,并确认假设。开发团队投资于自动化和基础设施,从而对每一个开发工作的变更进行构建、集成和测试,并对错误提供近乎实时的反馈。

大型的网络物理系统更难以进行持续集成:较长前置时间的条目或许是不可用的,集成跨越了组织边界,并且很难实现端到端的自动化。

相反,"持续集成"解决了频繁集成与延迟的知识和反馈之间的经济权衡问题。目标是不变的,也就是对部分解决方案进行集成,此外在每个 PI 中至少有一次完整的解决方案集成(见图 8-14)。

当完整集成不切实际时,部分集成可以大大降低风险。敏捷团队和火车在较小的上下文中进行集成和测试,并依靠系统团队在真实的生产环境中进行更广泛的端到端测试。这种做法允许部分场景或用例进行测试,或使用虚拟和仿真环境、测试替身[1]、模拟,以及其他原型进行测试。这些实践减少了团队与火车的测试时间和成本。

1　"测试替身是测试中实物的替身,类似于特技替身演员在电影中代替原演员。"(来源:参见链接 21。)

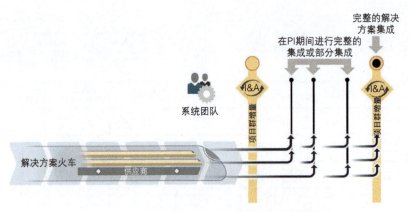

图 8-14　每个 PI 至少有一次完整的解决方案集成

用系统的系统思考管理供应链

构建大型而复杂的系统,需要在整个供应链中集成解决方案。显然,供应商的对齐和协调对解决方案的交付至关重要。因此,战略级的供应商参与 SAFe 事件(PI 计划、系统演示、I&A),他们使用待办事项列表和路线图,并适应变化。敏捷合同[1]鼓励这种行为。供应商的产品经理和系统架构师或工程师不断地将他们的待办事项列表、路线图和架构跑道,与整体解决方案的待办事项列表、路线图和架构跑道进行对齐。同样,客户和供应商系统团队也必须共享构建和测试,以确保集成交接是顺利的且没有延迟。

图 8-15 是一个大型供应链的复杂集成的实例。飞行控制组件的产品经理需要不断对齐待办事项列表和路线图,以平衡多个客户(如波音公司、空客公司和庞巴迪公司)的需要。如本例所示,任何产品变更都可能在扩展的供应链路线图上引起连锁反应。

图 8-15　复杂供应链依靠系统的系统思考

为了支持多个客户或客户群体,供应商可能会提供产品变体[2]。创建一个新变体的决定是很重要的,因为每个变体都必须单独测试、发布、维护和支持。由于

1　有关敏捷合同的更多信息,请参阅链接 22。
2　产品变体是具有不同功能或在不同解决方案上下文中运行的产品版本。

产品存在复杂性，因此如果没有一个协调的策略，没有能够了解整个生命周期的成本，很容易生成一个新的客户变体。协调客户和供应商有两种常见模式（见图 8-16）。

- **"克隆并自有"的模式。**这是一种常见的重用实践，它基于现有产品的资产为每个新客户创建产品变体。新的变体是在现有产品的基础上进行复制和改造的。这种方式限制了从经济角度上的扩展，因为一个变体中的增强功能和缺陷修复不会自动传播到其他变体中，而必须进行手动重复处理。从长远来看，这通常会导致产品的整体成本上升和质量下降。

- **"产品线（或平台）"的模式。**在这种模式中，所有的开发人员都在一个共同的架构上工作，该架构创建了一组相关的产品变体，这些变体可以针对单个客户或客户群体进行调整。这种方法需要一个共同的愿景和路线图，以满足多个客户的需要。供应商不断将待办事项列表与其客户对齐，并增量地交付新版本。虽然这种方法可能难以平衡所有客户的需要，但它为质量和技术投资提供了机会，而"克隆并自有"模式通常不存在这种机会。

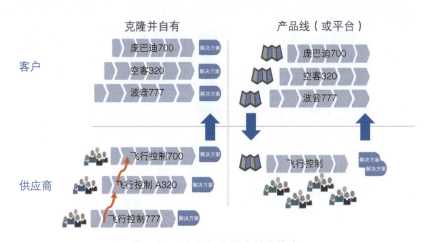

图 8-16 协调相关供应链的模式

"内部开源"是一种日益增长的供应商协作实践，在这种实践中，对客户变体所做的变更，会被拉回到主产品中。这种实践减少了变更的延迟，同时平衡了对多个客户的支持。供应商对整体产品质量负责，并确保遵循适当的治理措施，这些治理措施包括谁能做出变更和为变更做贡献。

8.4 持续演进活体系统

持续演进活体系统是企业解决方案交付的第三个维度。这个维度确保了系统能够持续交付当前的价值，并能不断演进以交付未来的价值。这个维度的几方面内容如下。

构建一个持续交付流水线

传统的大型系统开发注重第一次就正确地构建系统，并在系统运行后将变更降至最低。毕竟，创新和增强功能需要大量的系统升级工作。然而，今天的系统必须不断演进。

图 8-17 显示了一个典型的持续交付流水线（CDP），其中每个开发人员所做的小变更都会自动运行一个构建流程，以创建可部署和测试的软件包，并在几分钟内向开发人员提供反馈。通过这些测试的软件包就会进行更全面的自动化接收测试。一旦这些软件包通过了所有的自动化测试，它们就可用于自助部署到其他环境中，从而支持探索性测试、可用性测试和最终发布。

许多技术都可以帮助构建流水线。虽然软件技术已广为人知并成了标准，但那些基于网络物理系统建立的社区才刚刚将新兴的硬件技术实施到持续交付流水线（CDP）中。

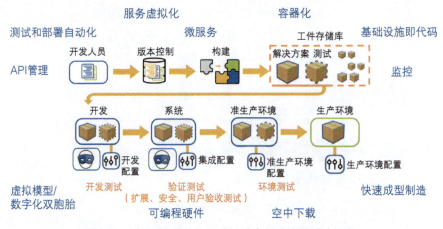

图 8-17 软件和硬件技术使持续交付流水线成为可能

重要的网络物理系统也必须使用持续交付流水线（CDP）来支持新功能的频繁发布。这需要投资于自动化和基础设施，这些基础设施可以在端到端的准生产环境或一个封闭代理上，构建、测试、集成和验证开发人员所做的小型变更。它还需要一个能够利用空中下载和可编程硬件等技术的架构，以在运营环境中实现更快的部署和发布。

系统的开发和持续交付流水线（CDP）应该一起开始并演进。下面是支持创建和使用持续交付流水线（CDP）的其他实践：

- 用于分析和设计的系统工程活动按小批次进行，以快速流过流水线。
- 计划活动包括构建流水线以及系统。
- "持续"集成创建了自动化和环境，可以让变更通过流水线进行流动。

演进已部署系统

对持续交付流水线（CDP）的投资和使用，使得上线变得更加经济了。一个快速的、具有成本效益的流水线意味着一个最小可行系统，往往可以提前发布并演进。这样就能以更少的投资来更早地提供反馈和观点，就可能会更早地产生收益。对活体系统进行更新，并不是新兴事物。例如，在软件完全准备好之前，卫星已经发射。对于企业而言，目标是部署解决方案，快速获得反馈和观点，交付价值，并先于竞争对手进入市场。

系统的架构设计应支持持续部署和按需发布。为了更快、更经济地创建组件，可以采用硬件建模语言、快速成型制造；而且机器人装配可以实现"硬件即代码"。某些设计决策简化了系统演进，如可编程集成电路与专用集成电路、非永久性紧固件，以及将系统功能分配给可升级的组件。

工程师们也在探索采用众所周知的软件 DevOps 实践的方法。例如，蓝绿部署技术通过运行两个相同的生产环境（一个用于准生产环境，一个用于真实环境）来减少宕机时间和风险。这种方法被用于像海军舰艇这样的大型系统，通过提前几年向作战系统发布新能力来抵消冗余硬件的成本。

8.5 将大型解决方案SAFe元素应用于其他配置

大型解决方案层为企业解决方案交付能力引入了许多新的概念。这些相同的概念也可应用在其他 SAFe 配置类型之中。例如，一个开发医疗设备的单一 ART 可能会有一个或多个供应商，并使用解决方案意图来管理合规性。同样，一个为自动驾驶车辆构建激光雷达系统的解决方案火车可能需要应用 DevOps（见图 8-18）。

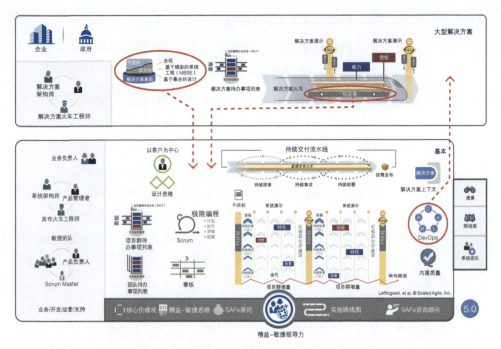

图 8-18　将大型解决方案 SAFe 元素应用于其他配置

8.6　总结

很长一段时间以来，敏捷方法已经展示了早期交付和经常更新以产生频繁反馈，并开发出让客户满意的解决方案的益处。为了保持竞争力，组织需要对更大、更复杂的系统采用同样的方法，这些系统通常包括网络物理组件和软件组件。企业解决方案交付建立在精益系统工程和技术的进步之上，这些技术的出现为此类系统的开发、部署和运行提供了更灵活的方法。

通过不断地梳理解决方案意图，使每个人都朝着一个共同的方向，同时制定涵盖多个计划时间跨度的路线图，从而保持 ART 和供应商的一致性和协调性。"持续"集成促进了频繁的系统集成和延迟反馈之间的经济权衡。

通过利用模拟和虚拟化技术，在网络物理环境中创建持续交付流水线（CDP）需要进行必要的调整，企业解决方案交付也对这些调整进行了描述。这项能力还提供了维护和更新这些真正的"活体系统"的战略，以不断延长其寿命，从而为最终用户提供更高的价值。

第9章

精益投资组合管理

> "大多数战略对话都以高管们的各说各话而结束,因为没有人确切地知道愿景和战略的含义,也未曾有两个人就哪些话题属于哪个概念达成一致。我们只是没有一个良好的商业规范来就如此抽象的问题达成一致。"
>
> ——杰弗里·摩尔(Geoffrey Moore),*Escape Velocity*

精益投资组合管理(Lean Portfolio Management,LPM)能力,通过将精益和系统思考方法应用于战略与投资、敏捷投资组合运营和治理,使战略和执行保持协调一致。

9.1 为什么需要精益投资组合管理

正如摩尔的名言提醒我们,本以为给企业定义和沟通一个管理层与员工层对齐的战略是简单的行为,但实际上这并非那么简单。然而,对于提升企业的整体业务成果来说,没有什么比这更为关键的了。

战略通常是那些最终对业务成果负责的高管的责任。在大多数组织中,投资组合管理职能用于组织产品和解决方案的开发,以实现战略并把它们推向市场。

然而,传统的投资组合管理方法并不是为经济全球化或当今快速的数字化革命而设计的。当今时代,企业必须在更大的不确定性下工作,同时更快地提供创新的解决方案。因此,投资组合管理方法必须快速发展为精益-敏捷的工作方式(见图9-1)。

传统方法	精益–敏捷方法
在职能筒仓和临时项目团队中组织的人员	按价值流/ART组织的人员；持续价值流动
给项目提供资金和项目成本核算	给价值流提供资金、精益预算和护栏
大量前期的、自上而下的、年度的计划和预算编制	动态调整价值流预算；参与式预算编制
中心化的、不加限制的工作承接；项目超负荷运转	战略需求由投资组合看板来管理；通过价值流和ART进行去中心化的工作承接
基于投机性ROI的、过于详细的业务案例	包含MVP、业务成果假设、敏捷预测和估计的精益业务案例
通过阶段–门限管理的项目；瀑布式里程碑，通过任务完成情况来度量进度	由自我管理的ART管理的产品和服务；基于可工作的解决方案的客观度量和里程碑

图 9-1　将传统的投资组合思维和实践发展为精益–敏捷方法

图 9-2 说明了精益投资组合管理能力的三个维度，接下来会对各维度进行简要说明。

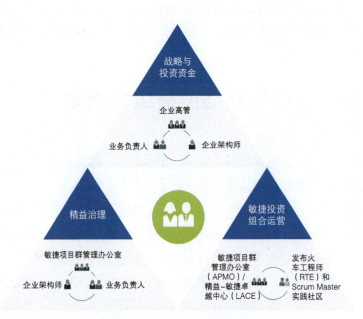

图 9-2　精益投资组合管理的三个维度

- **战略与投资资金**确保整个投资组合保持一致并获得资金，以创建和维护满足业务目标所需的解决方案。
- **敏捷投资组合运营**协调和支持去中心化的项目群执行，并促进组织的卓越运营。

- **精益治理**监督和管理支出、审计与合规、预测费用及度量。

然而，在我们更详细地描述这些维度之前，重要的是要了解，每个规模化敏捷框架（SAFe）的投资组合都存在于企业的更广泛的上下文之中，而企业是业务战略的来源，这些业务战略必须加以处理。

9.2 投资组合存在于企业的上下文中

一个 SAFe 投资组合，包含针对企业特定部分的一组开发价值流。每个开发价值流交付一个或多个解决方案，以帮助企业实现其业务使命。这些可以是为客户提供的产品或解决方案，也可以是内部运营价值流。企业为投资组合提供资金，并因此拥有最高级别的治理权力。

企业通常组织技术部门来开发支持不同业务线、内部部门、客户群体或其他业务能力的解决方案。大型企业可能需要若干个投资组合，每个投资组合都有一个预算和一套作为其业务战略一部分的战略主题（见图 9-3）。

大型企业　　　　　　　　　　　　多个投资组合

图 9-3　大型企业或政府机构可能有多个 SAFe 投资组合

9.3 投资组合角色和职责

精益投资组合管理（LPM）职能部门的人员有各种头衔和角色。他们的职责由业务经理和高管承担，这些业务经理和高管了解企业的财务、技术和业务上下文，并最终对业务成果负责。

LPM 的角色包括以下几个方面：

- **企业高管**。这些高层领导者对整个企业或其中的某些部分，负有财务、管理与合规的责任。

- **业务负责人**。该负责人是对治理、合规，以及投资回报（Return On Investment，ROI），负有主要业务和技术责任的利益相关者。
- **企业架构师**。他们跨价值流和敏捷发布火车（ART）工作，以帮助提供可优化投资组合结果的战略技术方向。
- **史诗负责人**。他们负责通过看板系统协调投资组合史诗。
- **敏捷项目群管理办公室**（Agile Program Management Office，APMO）。其负责支持去中心化的、高效的项目群执行，并支持标准的精益度量、共享最佳实践和知识交流。
- **精益-敏捷卓越中心**（Lean-Agile Center of Excellence，LACE）。LACE 是一个小团队，致力于实施 SAFe 精益-敏捷工作方式。

下面介绍这些角色及其职责如何协作，以实现 LPM 的三个维度。

9.4 战略与投资资金

战略与投资资金是精益投资组合管理（LPM）的第一个维度。它确保整个投资组合与企业战略保持一致，并为正确的投资提供资金。

每个投资组合都负责实现企业战略的一部分。因此，精益投资组合管理（LPM）需要了解投资组合的当前状态，并制订计划，根据该战略将其演进到所期望的未来状态。

这种演进的过程需要通过企业高管、业务负责人、企业架构师，以及其他投资组合利益相关者之间的协作来实现，如图 9-4 所示。这种协作完成了四项重要的工作，下面将逐一介绍。

图 9-4　战略与投资资金协作及其职责

将产品组合与企业战略联系起来

将产品组合与企业战略联系起来是战略与投资资金协作的第一项工作。

"让战略得到执行的方法不是告诉人们该怎么做；而是通过一种人人都能理解和接受的方式来分享战略，并看看自己的工作与战略有什么关联。然后通过将人员流程落实到位，以促进和鼓励战略的执行。"[1]

LPM 主要通过战略主题来完成这种沟通。战略主题是业务目标的一小部分，它将投资组合与企业战略联系起来，并引导投资组合达到企业所期望的未来状态。战略主题会影响投资组合战略，并为决策提供业务上下文信息。战略主题通过一个引人注目的解决方案的组合，帮助推动产品创新，并实现企业与竞争对手的差异化。

图 9-5 说明了投资组合通过战略主题和投资组合预算与企业战略相联系。它通过投资组合上下文向企业提供反馈。

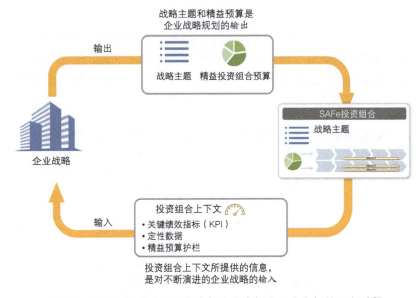

图 9-5　战略开发是企业和每个解决方案投资组合之间的双向过程

投资组合上下文可能包括以下内容：

- **关键绩效指标（Key Performance Indicator，KPI）**。KPI 由定量指标和财务指标组成，比如赢利能力、适用性、市场份额、投资回报（ROI）、客户净推荐值，以及创新核算度量等。[2]

1　*Strategy Execution: Leadership to Align Your People to the Strategy*，参见链接 23。
2　当一家初创公司中通常使用的所有指标（收入、客户、ROI、市场份额）实际上都为零时，创新核算（innovation accounting）是一种评估进展的方法。（来源：参见链接 24。）

- **定性数据**。这些数据可能包括 SWOT 分析，最重要的是，可能还包括投资组合利益相关者的解决方案、市场和业务知识。
- **精益预算护栏**。精益预算护栏描述了针对特定投资组合的预算编制、花费，以及治理的政策和实践。

定义战略主题

战略主题是通过使用简单的短语，或通过使用目标与关键结果（Objective and Key Result，OKR）格式（见图 9-6）进行阐述的。以下是几个用简单短语描述的战略主题的例子：

- 吸引年轻群体（服装零售商）
- 云计算和移动优先（某金融机构）
- 为海外证券交易实现产品支持（某证券公司）
- 实现跨应用程序的单点登录（独立软件供应商）

图 9-6 展示了一个用 OKR 格式描述的战略主题的示例。OKR 提供了一种简单的方法，以围绕可度量且雄心勃勃的目标建立一致性和参与度，[1] 通常，在每个 PI 中 ART 团队会对目标进行设定、跟踪和重新评估。"OKR 有助于确保每个人都以稳定的节奏朝着同一个方向前进，并有明确的优先级。"[2]

目标	关键结果
在我们的社区平台上增加客户参与度	将会员好友从20%减少到5%
	将净推荐值（NPS）从35提升到60
	将每个活跃用户的每周平均访问次数从5000提升到20 000
	将非付费（自然）的流量从1500提升到5000
	将客户参与度从30%提升到60%

图 9-6　OKR 格式的战略主题示例

战略主题的影响

战略主题确定哪些方面需要更新，哪些方面需要与当前状态有所不同。因此，这些主题在很大程度上影响了SAFe 的许多方面，例如：

- **投资组合愿景**。战略主题可能会影响在投资组合画布中维护的投资组合愿

1　Felipe Castro, *The Beginner's Guide to OKRs*, 参见链接 25。
2　同上

景的要素（例如，解决方案、客户群体）。

- **价值流预算和护栏。**战略主题会影响价值流预算，这些预算提供了实现投资组合愿景所需的资金、资源和人员。
- **投资组合看板和待办事项列表。**战略主题在投资组合看板系统中充当决策过滤器，影响投资组合待办事项列表的内容和史诗的批准。
- **ART 和解决方案火车的愿景、路线图。**战略主题影响 ART 和解决方案火车的愿景、路线图。

维护投资组合愿景和路线图

维护投资组合愿景是战略与投资资金协作的第二项工作。它描述了开发价值流将如何协调，以实现投资组合的目标和更广泛的企业目标。愿景为决策提供了一个长期的视角，帮助敏捷团队和火车对现在和未来将要实现哪些特性做出更明智的选择。在 *Switch*[1] 一书中，作者丹·希思（Dan Heath）和奇普·希思（Chip Heath）将这种未来愿景比作"目的地明信片"（destination postcard）（见图 9-7）。

从长远来看

▸ 我们未来的解决方案的投资组合将如何解决更大的客户问题？

▸ 这些解决方案将如何使我们与众不同？

▸ 我们的解决方案未来将在什么样的上下文中运行？

▸ 我们当前的业务上下文是什么，我们必须如何演进，以满足未来状态？

愿景：一张来自未来的明信片

▸ 雄心勃勃，但又切合实际，可以实现

▸ 足够的激励来吸引其他人参与这个旅程

结果：每个人都开始思考如何发挥自己的优势才能实现目标。

Switch: How to Change Things When Change is Hard, Heath and Heath, Broadway Books, 2010

图 9-7 投资组合愿景是一张"来自未来的明信片"

业务负责人或高层领导者通常会在项目群增量（Program Increment，PI）计划事件中介绍愿景和业务上下文。愿景有助于领导者激励团队并让团队协调一致、提高参与度，以及培养创造力，从而实现最佳的结果。

---

1 奇普·希思（Chip Heath）和丹·希思（Dan Heath），*Switch：How to Change Things When Change is Hard*（Broadway Books，2010）。

投资组合画布

投资组合画布（见图 9-8）描述了投资组合的价值流如何创造和交付价值。投资组合画布是开发和维护与企业协调一致的投资组合愿景的重要工具。它包含以下信息：

- 价值主张，组织所交付的解决方案，以及所服务的客户。
- 分配给每个价值流的预算和收入。
- 实现投资组合愿景所需的合作伙伴、活动和资源。

投资组合画布还描述了成本结构，以及如何实现收入或价值。

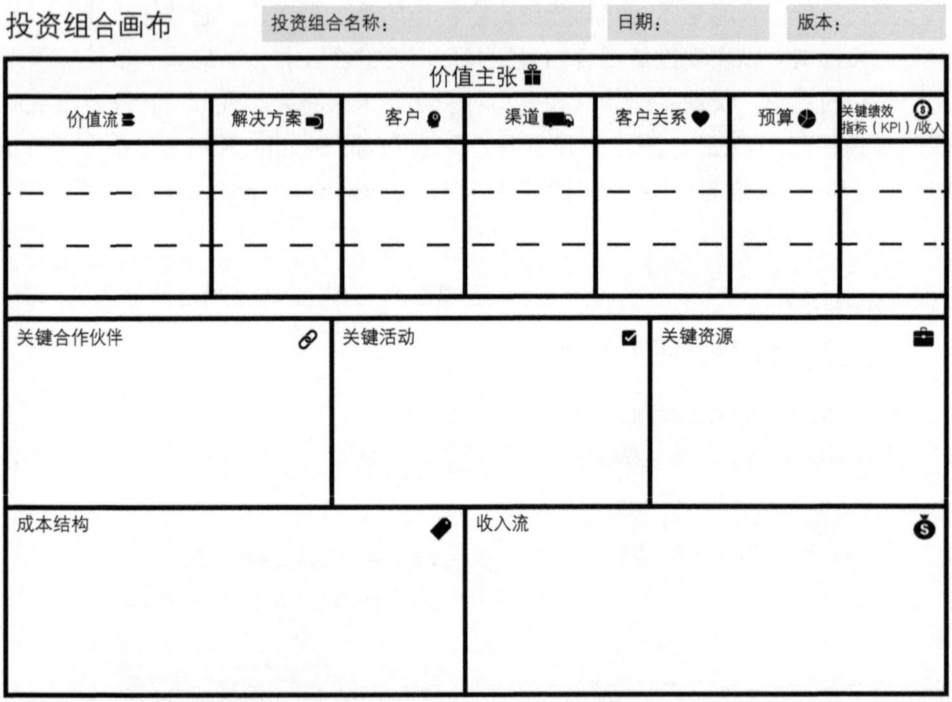

投资组合画布	投资组合名称：		日期：	版本：	
价值主张					
价值流	解决方案	客户	渠道	客户关系	预算	关键绩效指标（KPI）/收入
关键合作伙伴		关键活动		关键资源	
成本结构			收入流		

投资组合画布改编自商业模式画布（参见链接26）。本作品获得了知识共享署名——与其3.0本地化的版本类似的许可证书。要查看此许可证的副本，请访问链接27。

图 9-8　投资组合画布

捕获投资组合的当前状态

当前状态画布表示了投资组合的初始状态，使组织能够根据其当前结构、目的和状态进行对齐。当前状态画布在一页纸上反映了投资组合的当前状态，提供了一个强大的可视化基线，我们可以用它来识别未来的状态。

构想投资组合的未来状态

下一步是构想未来的状态。当前状态和未来状态之间的差异代表了投资组合愿景，投资组合画布可以用来展示出价值流必须完成的工作。

理解机会和威胁

有许多工具和技术可以帮助组织了解未来状态的机会。其中一些技术包括 SWOT 分析和 TOWS 战略选择矩阵，这些技术可以帮助识别机会和为未来制订计划（见图 9-9）。

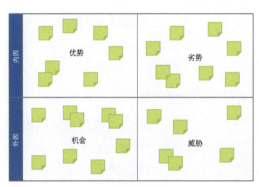

图 9-9　SWOT 分析和 TOWS 战略选择矩阵

SWOT 分析确定了与当前业务状况相关的优势、劣势、机会和威胁。利用 SWOT 分析中的信息，回答 TOWS 分析中的四个问题，从而识别出未来的机会。SWOT 分析和 TOWS 分析之间的主要区别在于它们所产生的成果。SWOT 分析是发现价值流、产品或投资组合当前状况的好方法。TOWS 分析确定了创造更好的未来状态的战略选择。

评估备选方案，以确定未来状态

投资组合的战略主题，以及 SWOT 和 TOWS 分析是探索未来状态可能性的关键输入。精益投资组合管理（LPM）以当前状态的投资组合画布为起点，去探索投资组合可以按照战略主题演进的不同方式。一个简单的开始方式是在投资组合画布中选择一个特定的模块，识别一个潜在的变化机会，然后探索它如何影响画布的其他部分（见图 9-10）。

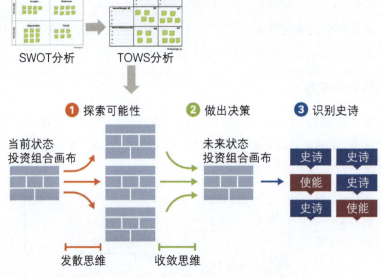

图 9-10　展望未来状态和识别史诗的过程

图 9-10 还说明，发散思维被用来探索几种不同的场景，而收敛思维则被应用于获得一致性意见并做出决策。未来状态投资组合画布可能会融合来自多个不同画布的想法，并且某些变更需要实施新的史诗，从而实现预期的业务结果。

定义史诗

史诗代表了一个投资组合中最重要的投资，这种投资有助于将投资组合演进到所期望的未来状态。史诗通常是横跨领域的、跨越价值流和 ART 的，并且通常需要几个 PI 来实现。投资组合史诗有两种类型：业务史诗给客户或最终用户交付价值；而使能史诗则演进架构跑道，以支持即将到来的业务史诗。

史诗最初被写成一个简单的短语，然后用一个史诗假设声明来定义和沟通关键信息。每个史诗都有一个精益业务案例支持，该案例支持了史诗的技术和财务分析。图 9-11 显示了史诗假设声明和精益业务案例的模板，以及信息如何在它们之间流动。

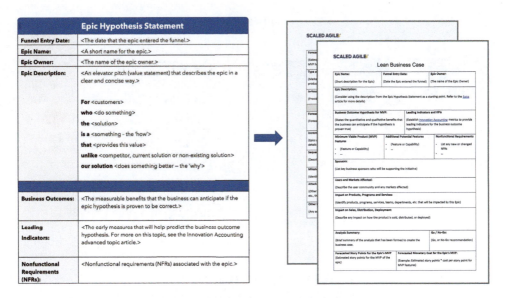

图 9-11 史诗假设和精益业务案例

SAFe 精益创业循环

在传统的做法中，当定义新举措以应对市场挑战和机遇时，这是一件"全有"或"全无"的事情。这些举措在业务案例中进行了深入的描述，具有前瞻性的和高度预判性的 ROI，并且根据该业务案例，它们要么获得全部的资金支持，要么完全没有任何资金支持。但是，这样做的结果，将导致公司对于如何使用资金做出预先的承诺，而通常无法通过工作的进展做出逐步的承诺。反过来，这种预先的承诺也往往会强化瀑布式的思考和实现方式，公司会将这些预先承诺的全部资金支持视为企业自身所能做出的最重要的投资。因此，无论团队有多么敏捷，投资组合的净效应仍然是一种"大爆炸"、"全有或全无"的投资方式。

而"构建－度量－学习"精益创业循环[1]（见图 9-12）则提供了一种更加增量式的方法，可以更好地提供创新和财务支持，以及业务风险的管理。这个循环的步骤如下。

---

1 《精益创业》（*The Lean Startup*）一书的作者埃里克·里斯（Eric Ries）将最小可行产品（MVP）定义为一个新产品的版本，它能让团队用最少的精力收集到关于客户的最大数量的真实反馈。

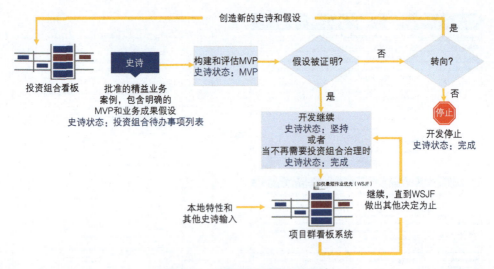

图 9-12　精益创业循环中的史诗

- **假设**。精益业务案例确定了业务成果假设，其中所描述的假设和潜在度量方法，可以评估史诗是否能够提供适当的价值水平。

- **构建一个 MVP**。下一步是实现一个最小可行产品（Minimum Viable Product，MVP）[1]，以测试史诗的假设。在 SAFe 中，这转化为交付 MVP 所需的最小特性集合。

- **评估这个 MVP**。一旦实现了这个 MVP，就将根据其假设进行评估。团队应用创新核算，通过使用引领性指标提供快速反馈。

- **转向、坚持或停止**。掌握了客观证据后，团队和利益相关者可以决定采取以下措施之一：
    - **转向**。停止该史诗的工作，但创建一个新的史诗假设，以供评审和批准。
    - **坚持**。继续该史诗的工作，直到该特性无法与其他特性进行竞争，排定优先级的模型使用加权最短作业优先（WSJF）。
    - **停止**。停止关于该史诗的任何额外工作。

投资组合路线图

预测投资组合未来状态的最佳方法是通过一个有目的的，而且灵活的路线图来创建投资组合（见图 9-13）。由于一些解决方案可能需要几年的时间来开发，因此，投资组合路线图提供了一个全面的总结，从而可以让组织在一个较长的时

1　《精益创业》（*The Lean Startup*）一书的作者埃里克·里斯（Eric Ries）将 MVP 定义为一个新产品的版本，它能让团队用最少的精力收集到关于客户的最大数量的真实反馈。

间范围内查看和管理预测的投资。

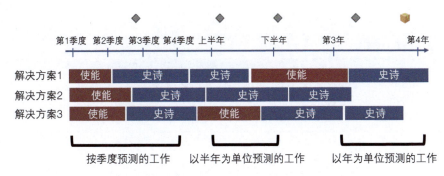

图 9-13　投资组合路线图传达了更长期的图景

因为投资组合路线图可能会跨越数年，所以需要使用敏捷方法来估算更长期的举措。关键是要认识到路线图代表的是未承诺的预测。虽然长期的可预测性确实是一个值得追求的目标，但精益－敏捷领导者们知道，每一个长期承诺都会降低组织的敏捷力。毕竟，如果组织被迫遵循早期的计划，就无法适应变化。

通往更美好未来状态的道路必须立足于一个架构跑道，以使投资组合的技术能够不断演进。因此，企业架构是战略与投资资金的重要组成部分。企业架构师将业务愿景和战略转化为有效的技术计划，并在投资组合路线图上将他们的举措体现为使能史诗。企业架构师还提倡自适应设计和工程实践，并引导跨投资组合的硬件和软件组件的重用，以及经过验证的设计模式。

建立精益预算和护栏

建立精益预算是战略与投资资金协作的第三项工作。它定义了一组增加开发吞吐量的实践，用于投资组合管理者为价值流提供资金和开展治理工作，同时也可以支持财务工作，以及对财务工作的适用性治理。这种资金提供模式，减少了与传统的基于项目的资金提供和成本核算相关的摩擦、延迟，以及开销。

精益预算

精益预算为与业务战略和当前战略主题协调一致的价值流提供资金。下面描述通过"护栏"为预算提供精益治理的方式（见图 9-14）。

为价值流而不是项目提供资金，允许投资组合能够基于产品交付方式进行计划、投资，以及管理容量。这种方法使企业专注于更快地交付业务成果，更早地验证收益，并通过稳定的敏捷团队创建一个长效的价值流网络。此外，这种提供资金的方法，消除了传统的基于项目的提供资金和成本会计方法所产生的间接开销,该过程对市场需要的反应更加灵敏,而且仍然保持了对于财政投入负责的态度。

图 9-14　每个价值流都有一个用于人员和其他资源的运营预算

精益预算护栏

精益预算护栏描述了一个投资组合的预算编制、支出,以及治理的政策和实践。

图 9-15 说明了四个精益预算护栏。

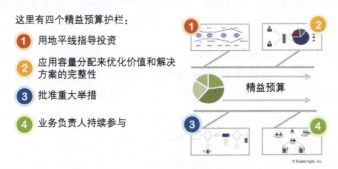

图 9-15　四个精益预算护栏

1. **用地平线指导投资**。这样可以确保解决方案的投资组合投资与 SAFe 的四个投资地平线(评估、涌现、投资/提取,以及退出)的正确配置协调一致。

2. **应用容量分配来优化价值和解决方案的完整性**。这有助于价值流确定应该从总容量中分配多少给每种活动类型(例如,史诗、特性、使能、技术债务,以及维护)。

3. **批准重大举措**。超过预定义阈值的史诗必须由精益投资组合管理(LPM)批准,以提供适当的财务监督。阈值示例包括预测成本、实现一个史诗的 PI 的预测数量、战略重要性,或这些因素的任意组合。

4. **业务负责人持续参与**。业务负责人具有独特的资格来确保分配给价值流的资金用于正确的事情。因此,他们对投资组合管理的持续参与是一个关键护栏，以确保 ART 和解决方案火车的优先级与 LPM、客户、产品管理者保持一致。

建立投资组合的流动性

建立投资组合的流动性是战略与投资资金协作的第四项也是最后一项工作。它通过投资组合看板系统引导了投资组合管理者对史诗的评审、分析和批准。

投资组合看板系统能够可视化并限制在制品（WIP），防止冗长的开发队列，并保证投资组合需要与实现容量相匹配。图 9-16 中的例子说明了将史诗从进入漏斗移动到完成所需的步骤和协作。

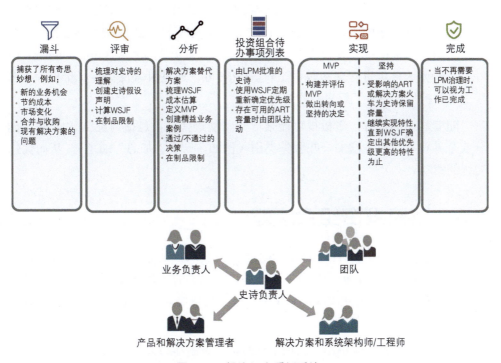

图 9-16　投资组合看板系统

- **漏斗**。这个状态可以捕捉所有新的奇思妙想。在 WIP 限制允许的情况下，满足特定决策标准的史诗将被转移到下一个状态——"评审"。
- **评审**。评审中的史诗用史诗假设声明来描述，并使用 WSJF 模型进行优先级排序。在 WIP 限制允许的情况下，WSJF 得分最高的史诗会被拉入下一个状态——"分析"。
- **分析**。在这个状态下的史诗值得更严格的分析和进一步的投资。相关工作如下：探讨解决方案设计和实施的替代方案，开发精益业务案例，考虑是选择内部开发还是外包，定义最小可行产品（Minimum Viable Product，MVP）。最后，被批准的史诗将进入"投资组合待办事项列表"状态。

- **投资组合待办事项列表**。该状态用于维护已被 LPM 批准的史诗。对这些史诗进行审查并定期使用 WSJF 来确定优先级。当一个或多个 ART 有足够的容量时，优先级最高的条目将进入"实现"状态。

- **实现**。当有可供使用的容量时，ART 会将史诗拉入项目群看板中，在那里它们会被拆分成不同的特性来实现。虽然实现的责任由开发团队承担，但在必要时，该团队可以得到史诗负责人的及时响应。

- **完成**。当业务成果假设被证明为假时，或者当业务成果假设被证明为真但无须进一步的投资组合治理时，史诗就完成了。在后一种情况下，各个 ART 可能会继续为史诗进行特性开发，并且史诗负责人（Epic Owner）可能会一直负责管理和跟进工作。LPM 可以通过引领性指标、价值流 KPI 和护栏，随时了解史诗的进度。

随着学习的进行，看板很可能采取一些演进措施，包括调整 WIP 限制、拆分或合并状态，或者增加一些服务类别（例如，一个"加急"通道），从而优化史诗的流动。

9.5　敏捷投资组合运营

精益投资组合管理（LPM）的第二个维度是敏捷投资组合运营。这项协作负责协调和支持去中心化的项目群执行，并培养卓越的运营能力，同时运用系统思考，以确保 ART 和解决方案火车在更广泛的投资组合上下文中协调一致并良好运行。

敏捷投资组合运营协作有三项主要职责（见图 9-17）。

图 9-17　敏捷投资组合运营协作及其职责

协调价值流

虽然许多价值流是独立运营的，但一组解决方案之间的协作可以提供一些竞争对手无法比拟的投资组合级的能力和收益。精益－敏捷领导者了解其所有价值流的挑战和机会，并努力使这些价值流尽可能独立，同时将其与企业更大的目标联系起来。

支持项目群执行

项目群执行支持定义了如何开发、收获和应用成功的执行模式，并在整个投资组合中通报这些信息。

许多企业已经发现，中心化的决策和传统的思维模式会破坏向精益－敏捷实践的转变。因此，一些企业已经放弃了传统的项目群管理办公室（Program Management Office, PMO）方法，而将所有的责任分配给 ART 和解决方案火车。

然而，我们也观察到一种模式，组织将传统的 PMO 演变为 APMO（或某些企业中的价值管理办公室（Value Management Office, VMO））。毕竟，PMO 中的人员拥有专业的技能、知识，以及与经理、高管和其他关键利益相关者的关系。他们知道如何把事情做好，而且他们往往可以帮助相关负责人引领新工作方式的变革。

APMO 在 LPM 职能内作为一个小组运行，可以帮助组织在整个投资组合中培养和应用成功的项目群执行模式。APMO 还建立了有关业务敏捷力的客观度量和报告。它还可以赞助、支持 RTE 和解决方案火车工程师，以及 Scrum Master 的实践社区。这些基于角色的实践社区（CoP）为分享有效的敏捷项目群执行实践，以及其他体制知识（institutional knowledge）提供了一个论坛。

推动卓越运营

卓越运营专注于持续改进效率、实践和结果，从而优化业务绩效。LPM 在实现卓越运营方面发挥着主导作用，帮助组织提高其实现可预测的业务目标的能力。LACE 可能是一个独立的小组，也可能是 APMO 的一部分，通常负责领导组织开展卓越的运营工作。无论在哪种情况下，LACE 都会成为一个持续的能量来源，通过必要的组织变革为企业提供动力。

在精益－敏捷转型的过程中，APMO 往往承担着额外的责任。在这个扩展的角色中，他们可以做以下工作：

- 领导组织迈向目标里程碑和精益－敏捷预算编制制度。

- 建立和维护系统，以及在组织中进行通报的能力。
- 促进签订更多的敏捷合同，以及培养更精益的供应商关系与客户伙伴关系。
- 建立财务治理的关键绩效指标（KPI）。
- 作为沟通联络人，就战略提供意见，以确保价值流投资的顺利部署和运营。

APMO 还在敏捷招聘和员工发展方面，支持管理和人员运营（人力资源）。

9.6 精益治理

精益治理是精益投资组合管理（LPM）的第三个维度，这个职能管理支出、审计与合规、预测支出，以及度量。精益治理的协作和职责需要 APMO 和 LACE、业务负责人，以及企业架构师的积极参与（见图 9-18）。

图 9-18　精益治理协作及其职责

动态预测和预算

如前面所述，SAFe 提供了一种精益的预算编制方法——一种轻量的、更灵活的、敏捷的流程，它可以取代传统上固定的、长期的预算周期、财务承诺和期望。这种新的计划和预算编制方法包括敏捷估算和预测。它还利用参与式预算编制，随着时间的推移调整价值流预算。下面将介绍这几种实践。

敏捷估算和预测

LPM 需要了解史诗的实际成本和预测成本，同时保持对潜在的新价值何时能够交付的高层视角（参见前面描述的投资组合路线图）。

由于史诗通常有很多不确定性，敏捷估算的最佳实践是将它们分解成较小的功能块——如业务特性和使能特性。然后，以故事点为单位对这些条目进行估算，并将这些估算进行汇总，以预测史诗的规模和成本。

敏捷预测是一种快速估算大型举措交付的方法。它需要了解以下三个数据点：

- 一个史诗以故事点为单位的预测规模。
- ART 的历史速度。
- 在未来的几个 PI 中，针对同一个史诗，每个 ART 可以投入的工作量占其总工作量的百分比。

有了这三个数据点，团队就可以制定多个"假使……将会怎么样"的场景，以预测每个史诗何时可以交付。

资本支出（Capital Expenses，CapEx）和运营支出（Operating Expenses，OpEx）

一些企业在创建软件时，将一定比例的劳动力资本化，用于销售或内部使用。软件资本化实践在历史上是基于瀑布式开发的，在这种开发中，预先的需求和设计阶段门限代表了触发处理资本支出的事件。然而，在敏捷中，这些阶段门限并不存在。

这可能会导致无法将软件费用资本化，从而阻碍敏捷开发的实现。SAFe 网站[1] 上的"资本支出和运营支出"高级主题文章，介绍了可用于对敏捷开发中的资本支出和运营支出进行分类的方法。

参与式预算编制

大多数组织产生的好想法会多于它们能够提供的资金，这就带来了投资组合优先级的挑战。因此，LPM 和来自不同价值流的参与者使用"参与式预算编制"来协作确定价值流预算。

一旦价值流预算确定下来，通常每年可以调整两次。如果调整频率较低，支出就会固定太久，限制了灵活性。虽然更频繁的预算变化似乎有助于提高敏捷力，但这样可能会造成太多的不确定性，并且无法承诺采取任何短期行动方案。

度量投资组合绩效

每个投资组合都建立了最低限度的度量指标，以确保战略得到实施，支出与商定的护栏保持一致；同时，业务成果不断改善。这些度量包括价值流 KPI 和一套更广泛的投资组合度量。

KPI 是可量化的度量指标，用于评估价值流针对所预测的业务成果的实际表

---
1 参见链接 28。

现。价值流的类型决定了业务所需的 KPI。以下是一些例子：

- **新产品、服务或解决方案**。有些价值流创造了新兴产品。这些价值流需要依赖于非财务的引领性指标，这些指标被称为创新核算。这些 KPI 对特性和史诗的收益假设提供了更快的反馈。
- **战略主题**。每个价值流对战略主题的贡献都可以通过评估 OKR 的绩效来跟踪和衡量。
- **成本中心**。一些开发价值流服务于内部运营价值流，并不是独立能够产生用货币化所表现的价值的。在这种情况下，价值是通过非财务度量项来度量的，如客户满意度、净推荐值、以及特性周期时间。

此外，经验表明，图 9-19 所示的一组度量可用于评估整个投资组合的内部和外部进度。

收益	期望结果	度量方法
员工参与度	提升的员工满意度；降低的人员流动	员工调查；人力资源统计
客户满意度	提升的净推荐值（NPS）	净推荐值（NPS）调查
生产率	减少的平均特性周期时间	特性周期时间
坚持不懈的改进	团队、项目群和投资组合绩效的坚持不懈的改进	在框架的每一层进行自我评估
上市时间	更频繁的发布	发布数量
质量	减少的缺陷数量和技术支持电话数量	缺陷数据和技术支持电话的数量
合作伙伴健康情况	改善的生态系统关系	合作伙伴和供应商调查
协调一致	在战略主题的关键成果方面取得的进展有所改善	目标与关键结果（Objective and Key Result，OKR）

图 9-19　LPM 投资组合度量示例

协调持续合规

正如我们在第 8 章中所描述的，解决方案经常受到内部或外部财务审计要求，以及行业、法律和监管标准的制约。传统的合规实践倾向于将这些活动推迟到举措实现的最后才进行。但是正如我们在第 8 章中所描述的那样，这将使企业面临问题发现得晚，并且随后返工的风险；同时，还有潜在的监管或法律风险。精益质量管理体系的实施支持并实现组织持续的合规，同时最大程度地减少开销，并促进持续的价值流动（见图 9-20）。

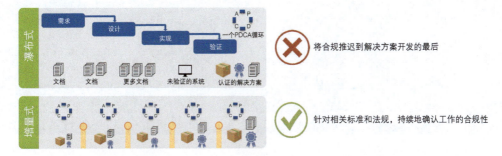

图 9-20　快速的计划－执行－检查－调整（PDCA）学习循环包括合规问题

这种方法直接将持续的合规构建在迭代开发活动中，只将最终的确认活动和正式签收留到最后执行。

9.7　总结

在一个不确定因素越来越多的世界里，成功地定义和执行一项战略是一项挑战。它要求通过应用精益、敏捷和 DevOps 来实现投资组合管理实践的现代化。由此产生的是一个适应性更强、反应更快的投资组合，围绕价值流进行组织，并积极支持向企业的客户提供持续的价值流动。

战略与投资资金可确保在"正确的时间"进行"正确的工作"。对当前举措的持续且尽早的反馈，再加上用精益的方法提供资金，允许投资组合进行必要的调整以满足其业务目标。敏捷投资组合运营可促进投资组合中各个价值流之间的协调，保持战略与执行之间的协调一致，并促进企业保持持续的卓越运营。精益治理通过度量投资组合绩效并支持对预算进行动态调整，以实现价值的最大化，从而完成业务的价值闭环。

当正确的人员在一起工作，并履行这些职责时，企业可以更好地定义和沟通战略，从而增加经济效益。

第10章

组织敏捷力

> "敏捷力是适应和响应变化的能力……敏捷组织将变化视为机会，而不是威胁。"
>
> ——吉姆·海史密斯（Jim Highsmith）

组织敏捷力能力描述了具有精益思想的人员和敏捷团队如何优化其业务流程，通过明确而果断的新承诺演进战略，并根据需要快速调整组织以把握新的机会。

10.1 为什么需要组织敏捷力

在当今的数字化经济中，唯一真正可持续的竞争优势是一个组织能够感知和响应其客户需要的速度。其优势在于它有能力在最短可持续前置时间内交付价值，迅速演进和实施新的战略，并进行重组，以更好地应对新兴的机会。

组织敏捷力对于企业充分应对挑战至关重要。"不幸的是，不少企业的组织结构、流程和文化是在一个多世纪前发展起来的。它们是为了"控制和稳定"而建立的，而不是为了创新、速度和敏捷力而建立的。仅对企业的管理、战略制定和执行的方式进行微小的增量变化，是不足以让企业保持竞争力的。这就需要企业采用一种更精益、更敏捷的方法，而这种方法又需要对整个企业产生积极的、有持久影响的全面变革。"[1]

正如我们在第1章中所描述的，应对数字化转型挑战的SAFe方法是"双操作系统"，即利用现有组织等级结构的稳定性和资源，同时实施价值流网络，这个价值流网络可以充分利用每个组织中仍然存在的创业动力。

---

[1] 理查德·克纳斯特（Richard Knaster）和迪恩·莱芬韦尔（Dean Leffingwell），*SAFe 4.5 Distilled: Applying the Scaled Agile Framework for Lean Software and Systems Engineering*（Addison-Wesley，2017）。

SAFe 通过围绕价值的流动而不是传统的组织筒仓来组织和重组企业，恢复了第二个（网络）操作系统。它让企业既能专注于新想法的创新和发展，又能专注于现有解决方案的执行、交付、运营和支持。

组织敏捷力能力有助于发挥第二个操作系统的力量，以支持应对数字化时代的机会和威胁。这个能力表现为三个维度（见图 10-1）。

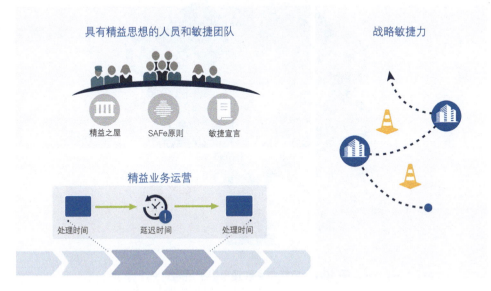

图 10-1　组织敏捷力的三个维度

- **具有精益思想的人员和敏捷团队**。参与解决方案交付的每个人都接受过精益和敏捷方法的培训，并拥抱其价值观、原则和实践。
- **精益业务运营**。团队应用精益原则来理解、匹配，并持续改进交付和支持业务解决方案的流程。
- **战略敏捷力**。企业足够敏捷，能够持续感知市场，并在必要时迅速改变战略。

在以下各节将对每个维度进行描述。

10.2　具有精益思想的人员和敏捷团队

具有精益思想的人员和敏捷团队是组织敏捷力的第一个维度。这个维度对于提供业务解决方案至关重要。这些解决方案不仅仅是软件应用和数字化系统，还包括持续解决业务问题所需的所有支持活动（如隐私、安全、支持、可用性）。甚至解决方案本身也不是孤立的，它存在于自己所处环境（包括其他硬件、软件、网络系统等）的更大的上下文中。

图 10-2 说明参与业务解决方案交付的每一个人——运营、法律、营销、人力运营、财务、开发，以及其他方面的所有人员都可以应用有效的精益和敏捷方法，并拥抱精益－敏捷的思维、原则和实践。

图 10-2　将精益和敏捷思想扩展到企业

将思维和原则扩展到企业

将精益－敏捷思想扩展到企业，形成了一种新的管理方法的基石，并产生了一种增强的公司文化，从而实现了业务敏捷力。它为整个企业的领导者和实践者提供了推动 SAFe 成功转型所需的思维工具和行为方式，帮助个人和整个企业实现其目标。

精益－敏捷思维建立了正确的思维方式，但是，正如第 4 章中所介绍的那样，SAFe 原则是指导有效的角色、实践和行为的 10 项基本原则。这些原则是组织敏捷力的基础，也是实现组织敏捷力的、具有精益思想的人员和敏捷团队的基础。企业中的每个人都可以将这些原则应用到日常工作中，从而成为更精益、更敏捷的操作系统的一部分。

敏捷技术团队

正如第 6 章中所描述的那样，在软件开发中采用敏捷开发是相当先进的，并且很好理解。现在，随着 DevSecOps 运动的出现，IT 运营和安全也迅速地采用了敏捷方法。此外，敏捷方法也正在涉足其他技术领域，如网络、运维、硬件、电子器件，等等。毕竟，敏捷技术团队通常会取得前所未有的工作绩效和对工作的个人满意度。谁不想成为一个高绩效敏捷团队中的一员呢？

敏捷业务团队

一旦业务部门理解了这种新的工作方式，就会认识到这样做的好处，并开始创建跨职能的敏捷业务团队。这些团队可能涉及任何必要的职能，以支持开发和交付业务解决方案。这些职能包括：

- 销售、产品营销，以及企业营销；
- 采购和供应链管理；
- 运营、法律、合同、财务，以及合规；
- 人员（人力资源，HR）、培训，以及后勤；
- 收货、生产、履行订单，以及运输；
- 客户服务、支持，以及维护。

我们经常观察到一个"三步成熟周期"，它说明了敏捷业务团队通常是如何形成并成熟起来的（见图10-3）。

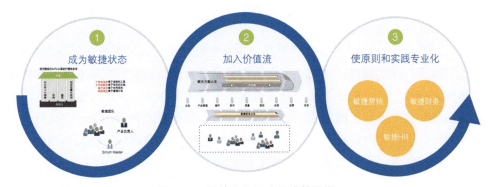

图10-3　敏捷业务团队的成熟周期

第1步：成为敏捷状态

首先，团队采用并掌握精益－敏捷的思维和实践。这就创建了一个通用的价值体系，以及对敏捷是什么的共同理解。但还不止于此。SAFe的精益－敏捷原则同样重要，在某些情况下甚至更加重要，它指导着业务团队及其领导者的正确行为。就像当人们没有指南针或可见的路标时，北极星会给他们指引方向一样，

SAFe原则为"成为敏捷状态"指明了前进的道路,即使没有针对该职能的特定的敏捷指导也是如此。

第2步:加入价值流

第1步是一个很好的开端,可以帮助业务团队在思维和执行方面变得敏捷。但是,如果他们只是在局部进行优化和提升效率,那么更大的端到端的系统就可能无法改进。为了从整体上优化系统(原则2,运用系统思维),大多数敏捷业务团队通过成为敏捷发布火车(ART)的一部分来加入价值流,该火车构建了他们所支持的业务解决方案。

在实践中如何工作取决于团队所做工作的范围和性质。例如,产品营销可能直接嵌入ART,作为完整的团队或者其他团队的一部分。在其他情况下,营销职能可能作为一项共享服务来运行,支持多个ART。无论如何,对工作的共识、统一的术语、共享的节奏,以及所有团队之间的同步,都有助于价值流以更高的质量快速地、可预测地交付。

此外,当业务团队提供了新的政策和程序(如许可证、隐私、安全),这些政策和程序被嵌入代码、法律文件、运营的工作流动中,以及作为业务解决方案一部分的其他工件中时,系统集成就会变得更加广泛和更具影响力。

第3步:使原则和实践专业化

前两步使企业在业务敏捷的道路上走得更远。然而,随着业务团队的成熟,对他们来说,发展他们自己的实践变得越来越重要,正如我们在第6章中所描述的那样,在他们自己的上下文中定义敏捷和内建质量的含义。通过这种方式,他们将敏捷实践变成自己的东西。敏捷营销就是一个很好的例子。由于它与解决方案开发如此紧密地结合在一起,因此出现了一套敏捷营销原则,这些原则主要集中在验证的学习、客户发现,以及迭代活动等方面。[1]

敏捷人员运营

所有这些新的敏捷力,给新员工的招聘方式带来了巨大压力,也给企业改变管理薪酬与职业发展的政策和流程带来了巨大压力。但是,满足知识型员工的需要,对许多传统的人力资源(HR)实践提出了挑战。取而代之的是,"敏捷人力资源"(Agile HR),它将精益-敏捷思维、价值观和原则引入人员的招聘、吸引和留用中。文章《敏捷人力资源与SAFe》("Agile HR with SAFe")总结了人员

---

1 参见链接29。

运营现代化的六个主题：[1]

- **拥抱新的人才合同。**该协议承认知识工作者的独特需要，并为他们提供充分发挥其潜能所需的参与度、授权和自主权。
- **促进持续的参与度。**当企业中的每个人都理解企业使命，都参与到有意义的工作中，并被充分授权以尽到自己的职责时，就会出现持续的员工参与度。
- **以态度和文化契合度为导向的招聘。**识别、吸引、雇用和留住那些将在敏捷文化的动态团队环境中最成功的人。
- **转向迭代的绩效流动。**许多精益企业已经取消了年度绩效考核。取而代之的是，领导者和管理者提供快速、持续的反馈，同时也会征求和接受反馈。
- **不要再谈金钱的问题。**用正确的共享激励措施取代传统的、个人的激励措施，有助于针对下一代员工的不同需求定制薪酬和激励措施。
- **可以获得有影响力的学习和成长机会。**员工现代职业生涯中的不断提升更多地来自个人选择和有意义的成长，而不是靠攀爬等级阶梯。作为回应，成功的雇主需要提供有回报的工作、更灵活的角色，以及个人成长路径。

敏捷工作环境

除了更多的当代人力资源实践外，经验和研究表明，工作环境和物理空间对高效的敏捷团队至关重要。[2]

例如，图 10-4 展示了一个团队的敏捷工作环境。在这个设计中，各团队都在半私密的隔间中工作。隔间内部的隔板都很低，成员间可以进行非正式讨论。团队中每个人的聚焦领域都会集中在他们所在的小隔间内；同时，这种方式也允许在团队内部进行非正式的交流和知识共享。然而，隔间与外部分隔的隔板是比较高的，这样可以防止其他团队或路过的人的喧嚣和谈话分散团队的注意力。此外，中间的聚会空间为开放式办公的团队成员提供了一个区域，其可以自发结对，并可以进行快速、非正式的会议。在小隔间内，可以使用白板、用于视频会议的大型显示器，以及信息辐射器来支持人员的协作和沟通。

---

1 参见链接 30。
2 尤里根·赫斯伯格（Jorgen Hesselberg），*Unlocking Agility: An Insider's Guide to Agile Enterprise Transformation*，Kindle 版（Pearson, 2018）。

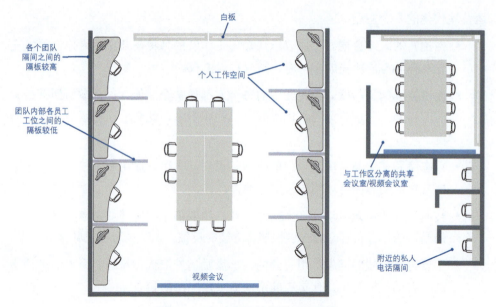

图 10-4　一个团队的敏捷工作环境

理想的情况是，附近有一个专用会议室，为团队提供空间，让他们把信息贴在墙上，并与远程团队成员和其他团队协作。在可行的情况下，几个私人电话间可以支持个人隐私的需求。

用作远程工作人员的工作区

敏捷开发是为同地办公的团队而设计和优化的——这是敏捷宣言的一个关键原则（"不论团队内外，传递信息效果最好、效率也最高的方式是面对面的交谈。"[1] 为此，企业往往会花费大量的时间和精力来建立同地办公。图 10-4 中的敏捷隔间设计就是一个体现。然而，同地办公并非总是可行的。很简单，一些能够做出最大贡献的人员，是无法到达现场的，无法改变他们的工作地点。事实上，许多敏捷团队分布在不同的地理区域，有时还存在显著的时区差异。

我们目睹并参与的高绩效团队在很大程度上是分布式团队。虽然分布式并没有改变基本的敏捷工作方式，但它确实对业务和远程工作者提出了一些要求。这些要求可能包括：

- 高带宽的视频和音频连接；
- 为团队、项目群看板板和待办事项列表提供工具；
- 一个为战略主题、投资组合愿景和其他重要信息提供访问入口的维基网站

1　参见链接 31。

或内联网网站；
- 用于沟通、可视化和构思的协作工具；
- 每日站会、迭代计划、演示，以及其他活动的核心时间要重叠；
- 承诺定期出差，参加 PI 计划事件。

跨团队协作空间

物理环境通过提供远离日常工作的空间，在支持协作和创新方面也发挥着重要作用。这些空间的成功模式包括以下几点：

- **轻松预订**。有些组织因为要召开周期性的例会，往往会长期预订占用会议室；要避免这种情况，从而让那些为了进行创新工作而预订会议室的操作变得容易。
- **便利工具包**。提供包含笔、便利贴、剪刀和胶带的工具包，以支持任何创新过程。
- **可移动白板**。可移动的白板底部带有轮子，会议结束后就可以把白板带走，从而保证白板上的内容不会丢失，并且可以在以后的会议中，将白板移动到其他地方进行处理。
- **可重新布置的家具**。随着协作目的的改变，房间的布局也需要调整。避免使用固定的家具将使人们能够为各种不同的场景设置这些空间。
- **视频会议**。始终在线的视频会议确保了每个人，包括远程工作人员都可以参与。
- **跨团队协作空间**。较大的会议室支持关键事件，如项目群增量（Program Increment，PI）计划、系统演示、检视和调整（Inspect and Adapt，I&A），以及其他跨团队活动。

PI 计划和 ART 协作空间

PI 计划是 SAFe 中最关键的事件。因此，一个用于计划的半专用的物理空间是一种明智的投资，它会随着时间的推移而收回成本。除了物理空间外，企业还必须为不能出席的与会者建立足够的沟通渠道。对于许多企业来说，为一个或两个 ART 准备的空间几乎是可以永久分配的空间。图 10-5 提供了一个 PI 计划事件的典型房间布局。

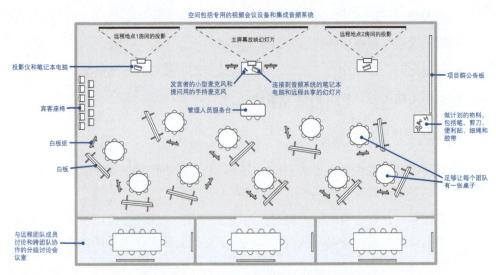

图 10-5　一个 PI 计划事件的典型房间布局

在拥有多个 ART 的大型企业中，为所有 ART 提供一个专用空间可能是不切实际的。在这种情况下，一个单一的现场 ART 计划地点成了中心，但可能需要其他内部或外部场地。当然，这个空间不会仅仅用于常规的 PI 计划安排。它还将作为共享空间，用于举办系统演示和 I&A，以及 PI 期间的其他额外活动。一个永久性的地点增加了可预测性，最大程度地减少了不确定性，并降低了组织这些活动的交易成本。根据我们的经验，这个空间增加了协作工作空间策略，从而使执行敏捷的企业从中受益。

可视化工作

通常，在各种 SAFe 培训论坛上，与会者往往会问："如果我参加完论坛离开这里，只做一件事来开始大规模实施精益－敏捷开发，那会是什么？"我们的答案始终是相同的——"可视化工作"。这就是为什么当你访问执行敏捷的企业时，会看到工作展示无处不在——在墙上、白板上、显示器里、走廊里，以及你看到的其他任何地方。可视化将抽象工作转化为有形的工作；清除不必要的工作、计划外的工作、未经批准的工作，或者重复的工作；并使每个人都与当前的实际状态保持一致。

所有这些方法的共同点是，信息始终是可用的，无须花费任何精力去发现它。根据经验，我们推荐可以将以下内容作为起点：

- **可视化客户**。敏捷团队通过用户画像将客户带入生活，并将用户的行为记录到卡片上，贴在团队工作区域的墙面上，因此用户始终是最重要的。

- **可视化工作流动**。使用看板系统使当前的工作可视化，这展现出在制品（WIP）的数量、瓶颈，以及人们真正在做什么，而不是别人认为他们在做什么。

- **可视化解决方案的健康状况**。客户支持团队很早就意识到，在靠近团队的显示器上显著地显示等待呼叫的数量、每日关闭和打开的故障单的数量，以及当前的服务水平协议（SLA）级别这些信息，对于依赖这些信息的团队的重要性。敏捷团队已采用此方法，从而包含了有关当前解决方案状态的度量。

- **可视化战略**。另一个将工作可视化的例子是一个"投资走廊"（见图 10-6），它标识了一个大型企业正在运行的所有当前和潜在的史诗。走廊中的信息不是将投资组合可视化限制在一个房间里，而是放在房间外面，使人们可以轻松地走动并添加他们的想法和建议。

图 10-6　投资组合优先级工作坊的投资走廊（由 Travelport 国际有限公司提供）

工具和自动化

具有精益思想的人员和敏捷团队都接受过专门的培训，并对工作如何在系统中流动具有深刻的洞见。他们明白，优化一项活动并不能优化整体，而且过程中的延迟（参见"映射价值流"部分）对整个过程所产生的负面影响，要远远大于对过程中任何一个步骤提升效率所带来的正面影响。为了解决这个问题，他们采用了必要的工具，以查看工作在系统中的流动情况，从而找出瓶颈和改进的机会。

该工具通常包括以下内容：

- **应用生命周期管理**（Application Lifecycle Management，ALM）**工具演示**并连接各种待办事项列表和看板系统，团队用这些待办事项列表和看板系统来管理其本地工作，并在企业范围提供可视化。
- **集成开发环境**为开发人员提供了创作、编辑、编译和调试软件所需的工具。
- **持续交付流水线工具**支持大量工件（主要是代码、测试、脚本、元数据），并提供高效集成、测试、构建和部署解决方案所需的自动化。
- **协作工具**支持本地和分布式开发，以及所需的高度互动。
- **系统工程工具**支持大型系统的建模和需求，并在各个元素之间建立可追溯性，对质量保证和合规工作进行管理。

这些工具中的大多数都可以在开源和商业产品中获得，而且是相对先进和成熟的。全面应用它们是实现业务敏捷力的另一个关键因素。

10.3 精益业务运营

精益业务运营（lean business operations）是组织敏捷力的第二个维度。组织敏捷力要求企业既要了解为客户交付业务解决方案的运营价值流，又要了解开发这些解决方案的开发价值流（这是 SAFe 的主要关注点）。

- **运营价值流**包含使用业务解决方案提供最终用户价值的步骤和人员，而业务解决方案是由开发价值流所创建的。
- **开发价值流**包含开发业务解决方案的步骤和人员，而这些业务解决方案是运营价值流所使用的。

图 10-7 说明了运营价值流和开发价值流之间的关系。

一个触发器（例如，产品订单或新特性请求）启动了价值的流动，并在最终有某种形式的价值交付。中间的步骤是用于开发或交付价值的活动。

对于大多数开发人员而言，执行运营价值流的人是开发价值流的客户。他们直接使用和运营解决方案，这些解决方案支持价值流向最终用户。这就要求开发人员做以下工作：

- 理解（通常帮助分析和映射）其支持的运营价值流。
- 应用以客户为中心和设计思维理念。
- 在开发过程中包括支持解决方案的业务团队。

这些职责帮助确保所开发的业务解决方案提供一个"整体产品解决方案"，以满足内部和外部客户的需要。

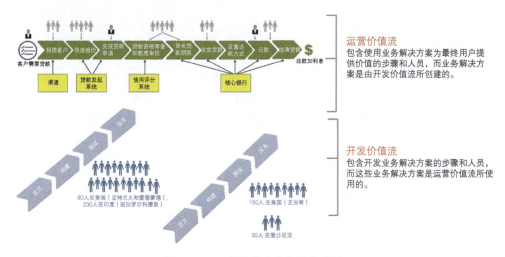

图 10-7　运营价值流和开发价值流

映射价值流

> "精益企业注重价值流，以消除非价值创造的活动。"
>
> ——艾伦·沃德（Alan Ward）

对于每个精益企业来说，识别运营价值流和开发价值流是一项关键任务。价值流一旦被识别出来，价值流映射[1]就会被用于分析和改进业务运营。图 10-8 展示了价值流映射的一个简化示例，在本例中，它显示了营销活动启动中的一些步骤。

团队寻找机会提高每个步骤的效率，从而减少总前置时间。这包括减少处理时间，以及提高每一个步骤的质量，而质量以完成率和准确性来度量。[2]

在图 10-8 的案例中，延迟时间（步骤之间的等待时间）通常是最大的浪费来源。如果上述团队希望更快地开展营销活动，他们需要减少延迟时间，因为处理步骤仅占总前置时间的一小部分。减少延迟时间，通常是缩短总前置时间和加快上市时间的最快速且最简单的方法。

1　卡伦·马丁（Karen Martin），*Value Stream Mapping: How to Visualize Work and Align Leadership for Organizational Transformation*，Kindle 版（McGraw-Hill Education，2013）。
2　完成率和准确性表示下一个步骤无须返工就可以处理的工作的百分比。

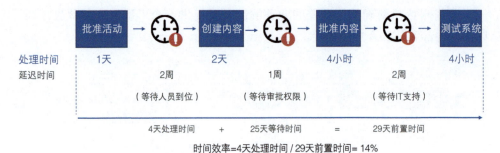

图 10-8　价值流映射显示了总前置时间、总处理时间和时间效率

实施流动

除映射价值流外,还可以使用看板系统将整个过程可视化,以此作为不断提高绩效和识别瓶颈的手段。然后应用 SAFe 原则 6 "可视化和限制在制品(WIP),减小批次规模,管理队列长度" 来优化流动。图 10-9 展示了一个简化的看板系统,用于与主要产品发布相关的一系列营销活动。

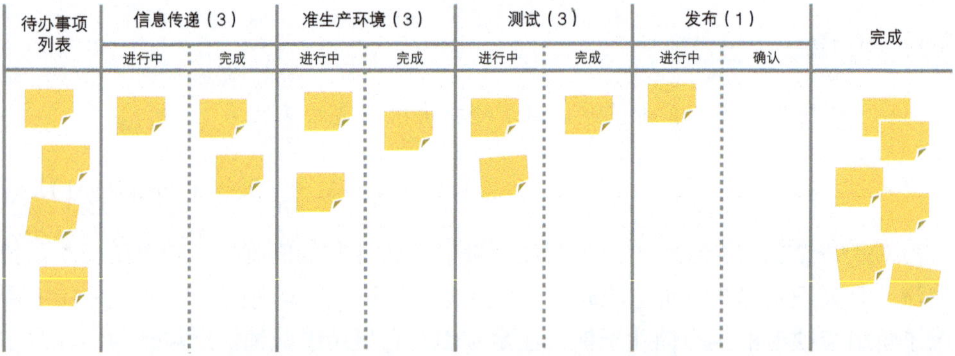

图 10-9　一个简单的看板系统,用于新产品发布的市场营销活动

每个营销活动都以一张卡片表示,从待办事项列表状态到完成状态,贯穿整个系统。在制品(WIP)限制(图 10-9 中括号里的数字)帮助控制系统中的工作量。

10.4　战略敏捷力

战略敏捷力是组织敏捷力的第三个维度。战略敏捷力是指感知市场环境变化,并在必要时迅速、果断地实施新战略的能力。它还包括在给予足够的时间和精力的情况下,对正在工作或将要工作的事情坚持下去的良好意识。图 10-10 说明了战略必须如何响应市场动态,从而成功地实现企业使命。

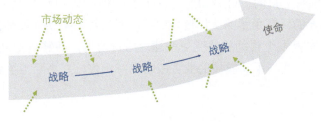

图 10-10　战略响应市场动态

掌握了战略敏捷力的企业通常会展示许多能力,包括以下各节中描述的那些能力。

市场感知

市场感知代表了理解不断变化的市场动态的文化和实践,其基础是以下几点:

- 市场调查
- 定量和定性数据分析
- 直接和间接的客户反馈
- 直接观察市场中的客户

精明的、具有精益思维的领导者会"实地查看",并在客户实际工作的地方花费大量的时间。他们带回去的是关于其产品和服务的真实情况的最新的、相关的,以及具体的信息,而不是通过其他视角过滤出来的意见。

像精益创业一样创新

在感知到机会之后,精益企业通过采用"构建-度量-学习"的精益创业循环(参见第9章),可视化并管理新的举措和投资的流动。这些机会通常是新的业务解决方案,但也可能是使用现有解决方案的新业务流程和能力。在承诺进行更重大的投资之前,先用最小可行产品(Minimum Viable Product,MVP)来测试成果假设,这样可以降低风险,同时可产生快速而有用的反馈。

实施战略变更

识别和定义新战略只是第一步。战略一旦被确定,就必须以新的愿景和路线图的形式传达给所有利益相关者,然后,当然要加以实施。毕竟,战略的重大变更往往会影响投资组合中的多个解决方案,需要协调和对齐。因此,大多数大型的战略变化都需要新的史诗来实现跨价值流的变更。

图 10-11 说明了新的史诗是如何贯穿那些用来管理工作流动的各种看板系统和待办事项列表的。在正常的工作过程中，所有的待办事项列表都会不断地重新排定优先级。看板系统帮助战略变更快速地跨价值流，转移到实施团队。这样，执行（execution）就与不断发展的业务战略保持一致，并不断地重新在执行和战略之间保持对齐。

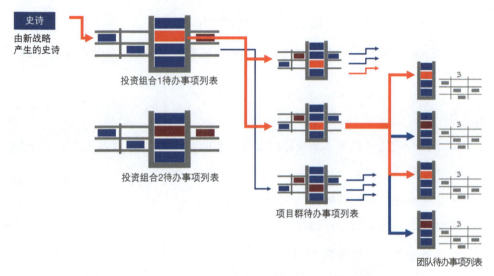

图 10-11　战略变更通过动态待办事项列表的网络快速实现

然而，其他较小的、本地的变更，可能只需要新的故事或特性，并将直接进入团队或项目群的待办事项列表。

创新核算

评估战略变更的收益可能需要很长时间。传统的财务和会计指标中的损益（Profit and Loss，P & L）和投资回报率（Return On Investment，ROI））是滞后的经济指标，它们在生命周期中出现得太晚，无法为不断演进的战略提供信息。取而代之的是创新核算〔参见 SAFe 网站的文章《应用创新核算》（"Applied Innovation Accounting"）〕[1]。创新核算应用了引领性指标（可操作的指标），专注于使用客观数据来度量特定的早期成果，这些成果是推动业务敏捷力的经济框架的重要组成部分。

忽略沉没成本

战略敏捷力的一个关键因素是忽略沉没成本。沉没成本是在解决方案开发

1　参见链接 32。

过程中已经发生的支出。沉没成本无法收回或改变，并且与公司可能产生的任何未来成本无关。[1] 因为战略决策只影响未来的业务进程，所以在评估战略变更时，沉没成本绝对是无关紧要的。相反，决策者应仅根据实现变更所必需举措的未来成本来制定所有战略决策。当利益相关者不必浪费精力来捍卫过去的支出时，组织就可以更快地转向新的战略。

围绕价值进行组织和重组

最后，SAFe 原则 10——"围绕价值进行组织"指导企业将其开发工作围绕完整的、端到端的价值流动来对齐。这一原则强调了"双操作系统"，它既利用了现有的等级结构的优势，又创建了一个价值流网络。这个网络将需要一起工作的人员集合在一起，使他们符合业务和客户的需要，最大程度地减少延迟和交接，并提升产品的质量。

但是随着战略的发展，未来的价值也会随之变化；必须使用新的人员和资源。换句话说，需要进行一定程度的重组。事实上，在某些情况下，这将需要形成全新的价值流，以开发和维护新的解决方案。其他价值流可能需要进行调整，有些价值流将随着解决方案的退役而被完全消除。幸运的是，在一个日益敏捷的企业中，人员和团队可以通过投资组合看到这些变化。然后，只要有意义，他们就可以利用自己的新知识与技能来围绕价值重组敏捷团队和 ART。

敏捷合同

没有一个投资组合是孤立的。相反，每个投资组合通常依赖于其他投资组合、供应商、合作伙伴、运营支持等，所有这些都需要隐式或显式的合同才能交付价值。在传统的方式里，这些合同基于这样的假设，即需求、可交付成果和服务水平是预先知道的，并将保持稳定。经验告诉我们这是不正确的。随着战略的变化，这些传统的合同会成为巨大的障碍，将企业锁定在以前的战略假设中。虽然企业想改变战略，但却被现有的合同所阻挡。

要实现业务敏捷力，就需要对所有类型的合同采用更加灵活的方法。如何实现这一点取决于合同的性质和类型，但是每一个合同都必须考虑到随着战略演进而可能需要的适应性。为企业解决方案提供组件、子系统或服务的供应商的合同尤为关键，因为它们可能会将解决方案元素锁定到早已固定的需求中。"SAFe managed-investment contract"这篇文章描述了一种合同的敏捷方法，该文章可在 SAFe 网站上找到。[2]

---

[1] 参见链接 33。
[2] 参见链接 34。

10.5 总结

没有组织敏捷力，企业就无法在事情发生时迅速做出反应。要对威胁和机会做出充分的反应，就需要精益和敏捷的工作方式在整个组织中传播。这种变化要求工作人员不仅要接受精益－敏捷实践的培训，而且要理解并体现精益－敏捷的文化、价值观和原则。

执行精益业务运营的人员认识到，要让客户满意不仅仅是单纯的解决方案开发。整个客户旅程，包括交付、运营和支持业务解决方案，都需要不断地被优化，以缩短上市时间，并提高客户满意度。战略敏捷力提供了感知和应对市场变化的能力，以快速演进和实施新的战略，并在必要时进行重组以迎接新兴的机会。因此，"变化成了机会，而不是威胁。"

第11章

持续学习文化

> 真正的学习,将会触及讨论人类之所以存在的核心意义。通过学习,我们重建自我。通过学习,我们变得能够做一些自己从未能做过的事情。通过学习,我们重新认识了世界以及自己与世界的关系。通过学习,我们扩展了自己的创造能力,并使这种创造能力成为自己生命成长过程中的一部分。在我们每个人的内心深处,都有对这种学习的深切渴望。
>
> ——彼得·M·圣吉(Peter M. Senge), *The Fifth Discipline*

持续学习文化能力描述了一组价值观和实践,鼓励个人——以及整个企业——不断提高知识水平、能力和绩效,以及引发创新。这是通过成为一个学习型组织,致力于坚持不懈的改进,并促进创新文化来实现的。

11.1 为什么需要持续学习文化

21世纪技术创新的步伐是前所未有的。今天的组织正面临着复杂、动荡的力量,这些力量既带来了不确定性,也带来了机会。创业公司通常通过转型、颠覆,甚至接管整个市场来挑战现状。科技巨头正在进入银行和医疗保健等全新市场。来自新一代员工、客户和整个社会的期望,对企业提出了挑战,要求企业的思考和行动不能仅仅停留在关注资产负债表和季度财报上。鉴于以上种种因素以及其他更多的因素,有一点是肯定的:数字化时代的组织需要迅速适应变化,否则就会衰落——甚至有可能灭亡。

什么是解决方案?组织必须发展他们的思维方式和工作方式,这样他们才能不断地学习,并比竞争对手更快地适应。简而言之,企业必须具有一种持续学习文化,该文化运用其员工、客户、供应链,以及更广泛的生态系统的集体知识、经验和创造力。学习型组织能够管理强大的变革力量,使其发挥优势,其特点是好奇心、发明创造、企业家精神,以及有根据的冒险精神。这种组织以坚持不懈的改进的思维取代了维持现状的想法，同时提供了稳定性和可预测性。此外，随着领导者将注意力转向制定愿景和战略，并帮助人们充分发挥其潜力，去中心化的决策（SAFe 原则 9）成为新的工作方式。

任何组织都可以通过将转型的重点放在下面列出的三个维度，开始持续学习文化的旅程，如图 11-1 所示。

图 11-1　持续学习文化的三个维度

- **学习型组织**。各个级别的员工都在学习和成长，这样组织才可以转型并适应瞬息万变的世界。
- **创新文化**。鼓励并授权员工探索和实施创造性的想法，以实现未来的价值交付。
- **坚持不懈的改进**。企业的每个部分都专注于持续改进其解决方案、产品和流程。

接下来将对每个维度进行描述。

11.2　学习型组织

发展学习型组织是持续学习文化的第一个维度。学习型组织投资并促进员工的持续成长。当组织中的每一个人都在不断学习时，它会增强企业根据需要动态地进行自我转型的能力，从而预见和利用能创造竞争优势的机会。学习型组织擅长创造、获取和传递知识，同时修改实践以整合成一种新的见解。[1,2]这些组织理解并培养人们为了企业的利益而学习和掌握知识的内在动机。[3]

学习型组织不同于那些只注重使用弗雷德里克·泰勒（Frederick Taylor）所提倡的早期管理方法来提高效率的组织。在泰勒的模型中，学习集中于管理层，其他所有人都应遵循管理层制定的政策和实践。成为学习型组织打破了这种模型，并挑战了现状思维，这种思维已经导致许多曾经的市场领导者破产。学习推动创新，可以带来更多的信息共享，且可增强组织问题解决的能力，增强社区意识，并为提高工作效率提供机会。[4]

正如彼得·圣吉在 *The Fifth Discipline* 中所描述的那样，要转变为一个学习型组织，需要以下不同的修炼。

- **自我超越**。员工发展成为 T 型人才。他们在多个学科中建立起广博的知识，以便进行高效的协作，并拥有与自己的兴趣和技能相一致的深厚专业知识。T 型员工是敏捷团队和 ART 的重要基础。

- **共同愿景**。有远见的领导者会展望令人兴奋的可能性，与之协调一致，并努力使这种可能性梦想成真。他们邀请其他人分享对未来的共同看法并为之做出贡献。这样的领导者提供了一个令人信服的愿景，这个愿景可以鼓舞和激励人们去实现它。

- **团队学习**。团队通过共享知识、悬挂假设（suspending assumptions）和共同学习来集体工作（work collectively），以实现共同的目标。敏捷团队是跨职能的，并将他们多种多样的技能应用在小组的问题解决和学习中。在高绩效团队中，这种做法是惯例。

- **心智模式**。团队在以开放的心态工作的同时，将其自身现有的假设和假说保持可见性，以根据精益-敏捷的思维方式和丰富的客户知识来创建新的思维模式。心智模式采用复杂的概念，并使精益-敏捷的思维方式易于被人理解和应用。

---

1 大卫·A.加文（David A. Garvin），"建立学习型组织"（"Building a Learning Organization"）哈佛商业评论，1993 年 7 月—8 月期，参见链接 35。
2 彼得·圣吉（Peter Senge），*The Fifth Discipline: The Art and Practice of the Learning Organization*，Kindle 版（Penguin Random House, 2010）。
3 丹尼尔·H.平克（Daniel H. Pink），*Drive: The Surprising Truth About What Motivates Us*，Kindle 版（Penguin Group, 2009）。
4 迈克尔·马奎特（Michael Marquardt），*Building the Learning Organization*，Kindle 版（Nicholas Brealey Publishing, 2011）。

- **系统思考**。组织要有大局观，并将系统思考方法（参见 SAFe 原则 2）应用于学习、问题解决，以及解决方案的开发。在规模化敏捷框架（SAFe）中，这种方法通过精益投资组合管理（LPM）延伸到业务领域，以确保企业投资于实验和学习，从而推动实现更好的业务成果。

除了上述内容外，SAFe 还通过以下方式促进学习型组织的发展：

- 精益 - 敏捷领导者促进、支持，并不断展现对新工作方式的自我超越。
- 一个共同愿景在每个项目群增量（PI）计划会议期间被迭代地进行梳理。这会影响业务负责人、每个敏捷发布火车（ART）上的团队，以及整个组织。
- 团队通过日常协作和问题解决不断地学习，并得到诸如团队回顾和检视与调整（I & A）等事件的支持。
- 设计思维，以及团队和技术敏捷力能力提供了一组强大的实践和工具，这些实践和工具有助于让持续学习成为团队日常工作的一部分。
- 领导者展示和教授系统思考方法，积极参与"问题解决"，并消除障碍和无效的内部系统。领导者与团队协作，以在关键的里程碑上进行反思，并帮助团队成员识别和解决不足之处。
- 许多 SAFe 原则都支持学习文化（例如，原则 5——基于对可工作系统的客观评价设立里程碑；原则 4——通过快速集成学习环，进行增量式构建；原则 8——释放知识工作者的内在动力；原则 9——去中心化的决策；等等）。

11.3 创新文化

发展创新文化是持续学习文化的第二个维度。如第 3 章所述，创新是精益的 SAFe 之屋的四大支柱之一。但是，在数字化时代竞争所需要的那种创新并非偶然或随机的。它需要一种创新文化，当领导者创造一个支持创新思维、好奇心，以及挑战现状的工作环境时，这种创新文化就会存在。当组织拥有创新文化时，员工就会受到鼓励，并且能够做到以下几点：

- 探索改进现有产品的想法。
- 尝试新产品的创意。
- 寻求对长期存在的缺陷的修复。
- 改进流程以减少浪费。
- 消除浪费并提高生产率。

一些组织通过允许人们利用内部创业项目、创新实验室、黑客马拉松，以及其他方式进行探索和实验来支持创新。SAFe 在这一点上更进一步，它在每个 PI 期间为 ART 的所有成员提供一个固定的、持续的时间，让他们在 IP 迭代期间进行创新活动。创新是敏捷产品交付和持续交付流水线的一个关键要素。在第 7 章中，我们说明了团队在每个迭代期间也要进行持续探索。

下面为启动和持续改进创新文化提供实践指导。

创新人才

创新文化的基础是认识到制度和文化不会创新，是人员在创新。要将创新培养为企业能力，就必须致力于鼓励人们的创造力、实验和冒险精神。要获得这种能力，可能需要对创业者与创新的技能和行为进行辅导、指导及正式培训。个人目标和学习计划应使人们能够进行创新，并赋予他们创新的权力。平衡了员工的内在动机和外在动机的奖励和认可，强化了每个人都是创新者的重要性。雇用新员工的标准应包括评估候选人是否适合创新文化。对于那些表现出杰出才能和绩效的创新代理人和拥护者，应该有明确的晋升机会和晋升途径。[1]

创新的时间和空间

为创新建立时间和空间，包括提供促进创新活动的工作区域（见第 10 章），以及从日常工作中留出专门的时间进行探索和实验。创新空间还可以包括以下内容：

- 与客户、供应链，以及与组织相关的当地社区频繁互动。
- 对于规章、政策和体系（在法律、道德和安全范围内）的临时使用和暂停使用，从而可以对现有的假设及其探索的内容提出挑战和质疑。
- 基于节奏的创新活动（IP 迭代、黑客马拉松、编程道场等），以及临时的创新活动。
- 实践社区（CoP）定期进行协作以共享信息、提高社区中人员的技能，并积极推进，从而让社区中的人员掌握某个领域的通用知识。

实地查看（工作现场）

通常情况下，最好的创新想法是通过亲眼看到要解决的问题（目睹客户如何与产品互动，或使用现有流程和系统所面临的挑战）而激发出来的。工作现场

---

1 克里斯·贝斯维克（Cris Beswick）、德里克·毕晓普（Derek Bishop）和乔·杰拉蒂（Jo Geraghty），*Building a Culture of Innovation*，Kindle 版（Kogan Page，2015）。

（gemba）是一个日语术语，也代表了一种精益的实践，意思是"真实的地方"，即客户实际工作的地方。

SAFe通过持续探索明确地支持工作现场（gemba）。进行第一手的观察和假设，明显地将整个组织的创新能量转移到开发创新解决方案上。领导者也应该公开分享他们对组织所面临的机遇和挑战的看法，从而将创新工作集中在最重要的事情上。

实验和反馈

具有创新文化的组织经常进行实验，以迭代地向着一个目标前进。这种科学的方法是产生洞察力，从而取得突破性成果的最有效途径。对于为发明白炽灯泡而进行的许多不成功的实验，托马斯·爱迪生有一句名言："我没有失败。我只是找到了一万种行不通的方法。"科学方法背后的思想是，实验不会失败，它们只是产生了接受或拒绝一个假设所需的学习。提倡害怕失败的文化会极大地抑制创新。

相反，创新文化依赖于从实验中学习，并将这些发现融入未来的探索中。当领导者创造了在第5章中所描述的心理安全时，就会鼓励人们进行实验。人们觉得自己有能力解决重大问题、抓住机会；而且即使实验的结果表明要朝不同的方向前进，也不用担心受到指责。

不带任何怜悯或愧疚地转向

每一项创新都是从一个假设（关于新产品或改进的产品如何使客户满意，并帮助组织实现其业务目标的一系列设想和信念）开始的。但是，直到通过客户的反馈对它们进行验证之前，假设只是一种有根据的猜测。正如我们在第9章中所描述的，如果想要接受或拒绝一个产品的开发假设，其最快的方法，就是建立一个最小可行产品（MVP），并用它进行实验。[1] 一个最小可行产品是新产品的一个版本，它能让团队以最少的精力从客户那里收集到最大数量的真实反馈。

目标用户测试MVP并提供快速反馈。在许多情况下，反馈是积极的，并保证进一步的投资，将创新推向市场或投入生产。在其他情况下，反馈结果可能会导致方向的改变。这种改变可以简单到对产品进行一系列修改，然后进行额外的实验以获得反馈，也可能促使人们转向不同的产品或策略。当基于事实的证据表明，当组织需要转向时，应尽快转向，而不要去责怪或考虑最初实验中的沉没成本。

---

1 埃里克·里斯（Eric Ries），*The Startup Way*，Kindle 版（Currency 2017）。

创新浪潮

为了打造创新文化，组织必须超越朗朗上口的口号，超越创新团队，以及黑客马拉松和编码道场等流行的技术。要对企业 DNA 进行根本性的重组，以充分利用创新思维，创建促进创新的流程和系统。如图 11-2 所示，SAFe 在整个投资组合中提供了促进创新所需的双向流动。

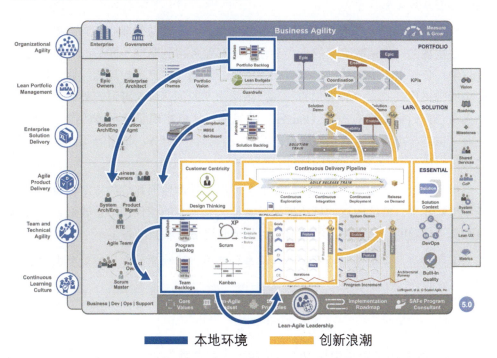

图 11-2　SAFe 包含关键要素，以支持建立连贯性和持续流动性的创新

创新的持续流动建立在 SAFe 原则 9 "去中心化的决策"的基础之上。一些创新始于战略举措，这些创新通过投资组合史诗和价值流的精益预算来实现。在这些史诗的实施过程中，团队、供应商、客户，以及业务领导往往会发现改进解决方案的其他机会。

其他潜在的创新来自许多不同的方向（团队、ART 和投资组合），并相互流动，形成"创新浪潮"，导致新想法潮水般地流向支持创新和解决方案开发的各种待办事项列表。

有一些创新会作为特性，直接流入项目群看板，而另一些较大的创新则可能导致创建一个史诗，史诗流入投资组合看板。如图 11-2 中全景图上的旋转箭头所示，正是这种发生在各个层级上的重复的创新循环，创造了创新的浪潮。此外，SAFe 还提供了结构、原则和实践，以确保协调一致，从而使所有团队都朝着投资组合的更大目标前进。

11.4 坚持不懈的改进

坚持不懈的改进是持续学习文化的第三个维度，也是精益的 SAFe 之屋的第四个支柱（参见第 3 章）。

改善（kaizen），即对完美的坚持不懈的追求，是精益的核心信念。虽然完美是无法实现的，但追求完美的行为会使产品和服务得到坚持不懈的改进。在这个过程中，公司用更少的钱创造出更多、更好的产品，客户更加满意，这一切都会给企业带来更高的收入和更大的利润。精益生产的创造者大野耐一强调，唯有每个人在任何时候都拥有改善（kaizen）的思维，才能实现坚持不懈的改进。整个企业（也是一个系统，它由高管及产品开发、会计、财务、销售等不同职能部门的人员组成）不断面临改进的挑战。[1]

但是，改进需要学习。而组织所面临问题的根本原因和解决方案很少能如此轻易地被找到。持续改进的精益模型是基于一系列小的迭代和增量改进、问题解决工具和实验的，这些使组织能够学习如何找到最有希望的答案。

下面将进一步描述坚持不懈的改进是如何成为持续学习文化的重要组成部分的。

持续的危机感

SAFe 在其精益之屋中使用了"坚持不懈的改进"一词，以表达改进活动对一个组织的生存至关重要，应给予优先考虑，并保持这些改进是可见的并获得了关注。这与精益的另一个核心信念十分吻合：专注于通过提供产品和服务为客户交付价值，相比于其竞争对手的解决方案，这些产品和服务以更受客户喜欢的方式解决客户的问题。

SAFe 通过其核心价值观、实践和事件，促进正在进行的和计划中的改进工作。持续改进是内建在敏捷团队和火车的工作方式中的，而不是后来添加的。

优化整体

优化整体是系统思考的另一种观点，它通过产生可持续的价值流动而不是优化单个团队、筒仓或子系统来提高整个解决方案的有效性。因此，如果对某个区

---

[1] 杰佛瑞·莱克（Jeffery K. Liker），*Developing Lean Leaders at All Levels*，Kindle 版（Lean Leadership Institute Pbulications，2011）。

域、团队或领域的改进会对整体系统产生负面影响，就不应该进行这些改进。

围绕 ART、解决方案火车和价值流中的价值进行组织，可以为所有领域的人员创造机会，就如何提高整体质量、价值流动，以及客户满意度进行定期讨论和辩论。

问题解决文化

在精益中，根本原因分析和问题解决推动了持续改进。通过精益思维，组织可以认识到当前状态和期望状态之间存在差距，需要一个迭代的和可扩展的问题解决过程。计划－执行－检查－调整（Plan–Do–Check–Adjust，PDCA）循环，提供了这种迭代的和可扩展的过程。在达到目标状态之前，将重复此过程。这个 PDCA 改进循环可以应用于任何事情（从单个团队试图优化软件响应时间，到企业试图克服市场份额的持续下降）。

如果建立了一种问题解决的文化，就可以在一个没有问责的环境中，将所遇到的困难问题视为进行改进的机会。在这种环境中，所有级别的员工都被赋予了权力，并拥有时间和资源，以识别和克服障碍。

SAFe 提供了团队、ART，以及解决方案火车所需的流程和工具，从而促进 PDCA 循环，如图 11-3 所示。

图 11-3　PDCA 问题解决循环从单个团队扩展到整个组织

作为 PDCA 问题解决循环的一部分，团队在每次迭代结束时都会进行回顾，在回顾时可以从众多可用的回顾技术中选择其中的一种，如"开始－停止－继续"的方法；对于团队来说这是一个简单而有效的方法，可以反思并确定以下内容（见图 11-4）：

- 哪些事情是团队没有做的，而应该开始做的？
- 团队正在做的哪些事情没有起作用，应该停止？
- 哪些事情是团队做得好的，应该继续做？

开始	停止	继续
我们应该开始做什么？ 列出想法： • 哪些事情是团队没有做的，而应该开始做的？ • 团队可以开始做哪些事情来改进工作？ • 团队应该尝试哪些实验，以获得更好的结果？	我们应该停止做什么？ 列出想法： • 团队正在做的哪些事情没有起作用，应该停止？ • 哪些事情阻碍了团队？ • 哪些事情阻碍了预期的结果？	我们应该继续做什么？ 列出想法： • 哪些事情是团队做得好的，并且应该继续做？ • 我们要继续开展哪些团队活动（或实践）？ • 我们应该继续尝试哪些事情？

图 11-4　开始－停止－继续的回顾方法

在每个 PI 结束时，作为 I&A 活动的一部分，ART 和解决方案火车还开设了问题解决工作坊（参见第 7 章）。该工作坊使用"鱼骨"图（和五个为什么）等思维工具来识别根本原因，并使用帕累托分析来确定正在解决的问题的最可能的原因（如图 11-5 所示）。

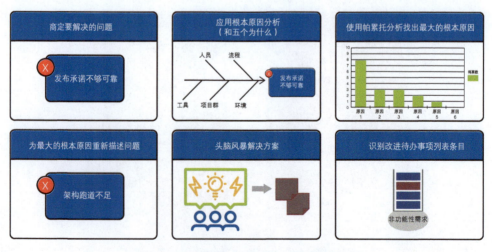

图 11-5　鱼骨图（石川图）和帕累托分析

在关键里程碑上进行反思

为了支持更"紧急的工作"（开发新特性、修复缺陷，应对最新的故障），人们很容易推迟改进活动。然而通常情况下，这些更紧急的工作没有改进活动重要，因为改进活动会带来更快的价值交付、更高的质量，并随着时间的推移让客户更加满意。正如史蒂芬·柯维（Stephen R. Covey）所说，"我们千万不能忙于锯木头，而不花时间磨锯子。"[1] 为了避免忽视这项关键活动，坚持不懈的改进是敏捷团队和火车的工作流动的一部分，它是定期进行的。

对于单个团队，SAFe 建议在迭代边界上（至少），以及问题出现的时候，按照需要组织回顾的活动。ART 和解决方案火车在每个 PI 进行反思，并将其作为 I&A 事件的一部分。在大型产品开发工作中，这种基于节奏的里程碑（事件）为坚持不懈的改进过程提供了可预测性、一致性和严谨性（见图 11-6）。

基于事实的改进

基于事实的改进，带来了由围绕问题的数据和有根据的解决方案所引导的改变，而不是由意见和猜测引导的改变。改进的结果是被客观度量的，且注重经验证据。这样有助于组织将更多的精力放在问题解决所需的工作上，而不是将精力放在相互指责上。

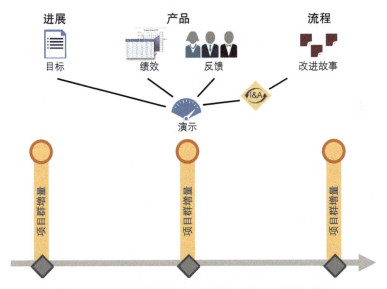

图 11-6　PI 里程碑提供了一个进行度量和反思的时间

1　史蒂芬·柯维（Stephen R. Covey），*The 7 Habits of Highly Effective People: Restoring the Character Ethic*，修订版（Free Press，2004）。

11.5　总结

组织往往容易陷入这样的陷阱，即认为导致今天成功的文化、过程和产品，也可以保证未来的结果。这种心态增加了企业衰落和失败的风险。未来主导市场的企业，将是那些适应性学习型组织，这种组织有能力比竞争对手更有效、更快速地学习、创新，以及坚持不懈地改进。

在数字化时代竞争，需要投入时间和资源进行创新，这种投入建立在创造性思维和好奇心的文化（一个可以挑战规范，新产品和新流程不断涌现的环境）之上。除此之外，一个组织如果秉承坚持不懈改进的作风，组织就会认识到其不可能永远按照当前的方式一直生存下去。组织中的每一个人都要接受挑战，寻找和进行渐进式的改进，并将这项工作置于优先地位，并使之具有可见性。

对于下一代的员工和雇用他们的那些成功的企业而言，持续学习文化可能是坚持不懈的改进的最有效方法。

第三部分

实施SAFe、度量和成长

"既能指明宏观方向又能摆脱细节,这是许多领导者引以为傲的地方。诚然,一个令人信服的愿景是至关重要的。但是仅关注大局,做甩手掌柜的领导方式在变革的情况下是行不通的,因为变革最难的部分,也是可能令其瘫痪的部分,就存在于细节之中。

所有成功的变革都需要将模糊不清的目标转化为具体实在的行为。简而言之,为了做出转变,你需要制定关键步骤。"

——奇普·希思(Chip Heath)和丹·希思(Dan Health)

- 第12章 指导联盟
- 第13章 设计实施
- 第14章 实施敏捷发布火车
- 第15章 启动更多ART和价值流,扩展到投资组合
- 第16章 度量、成长和加速

实施路线图介绍

在本书中，我们描述了规模化敏捷框架（SAFe）的价值观、原则和实践。我们的目标是展示一个 SAFe 企业如何运作，并实现只有规模化的精益－敏捷开发才能提供的业务收益。然而，我们还没有做的是描述一个企业如何实施 SAFe 来实现业务敏捷力。这才是真正旅程的起点，第三部分（包括本书的最后五章）将致力于实现这一目标。

我们认识到 SAFe 的实施是一项重要的组织变革工作，所以我们借鉴了约翰·科特（John Kotter）博士（他是哈佛大学领导力教授、变革领导力大师，以及许多变革相关书籍的作者）的理论，希望得到关于将变革实践纳入路线图的指导。在科特的 *Leading Change* 一书中，他讨论了指导组织转型的八个步骤，以及如何才能使变革坚持下去。[1]

1. 树立紧迫感。
2. 组建指导联盟。
3. 制定变革愿景和战略。
4. 沟通变革愿景。
5. 授权员工采取广泛的行动。
6. 创造短期胜利。
7. 巩固成果并深化变革。
8. 成果融入文化。

每一个步骤都为 SAFe 实施路线图提供了基础。但是，领导者需要做的不仅仅是了解组织变革的实施步骤。

在 *Switch: How to Change Things When Change Is Hard* 一书中，两位作者希思兄弟指出，领导者必须以亲力亲为的方式参与其中。事实上，他们指出，领导者必须"制定出关键步骤"。[2]

幸运的是，全球数百家最大型的企业已经走上了这条道路（参见 Scaled Agile 网站上的案例研究[3]，这些企业的实施案例揭示了成功采用 SAFe 的模式。虽然每个转型历程都是独特的，并且鲜有完全按照顺序照搬照套的实施，但我们知

---

1 约翰·科特（John Kotter），*Leading Change*，Kindle 版（Harrard Business Renew Press，2012）。
2 奇普·希思（Chip Heath）和丹·希思（Dan Health），*Switch: How To Change Things When Change Is Hard*（Crown Press, 2010）。
3 参见链接 36。

道，企业通过遵循与 SAFe 实施路线图类似的路径可以获得最佳结果。

该路线图包括 12 个主要步骤，这些步骤在以下五章内容中进行了描述。

第 12 章 指导联盟

步骤 1：达到引爆点。

步骤 2：培训精益–敏捷变革代理人。

步骤 3：培训企业高管、经理和主管。

步骤 4：创建精益–敏捷卓越中心。

第 13 章 设计实施

步骤 5：识别价值流和敏捷发布火车（ART）。

步骤 6：创建实施计划。

第 14 章 实施敏捷发布火车

步骤 7：准备 ART 启动。

步骤 8：培训团队并启动 ART。

步骤 9：教练 ART 执行。

第 15 章 启动更多 ART 和价值流；扩展到投资组合

步骤 10：启动更多 ART 和价值流。

步骤 11：扩展到投资组合。

第 16 章 度量、成长和加速

步骤 12：加速。

第12章

指导联盟

"始终需要一个强有力的指导联盟。该联盟有着正确的人员组成、一定的信任程度,以及共同的目标。"

——约翰·科特(John Kotter)

12.1 概述

组织从各种不同的出发点出发,得出变革的必要性。一旦确定了进行重大变革的理由和紧迫感,困难的工作就开始了,第一个关键步骤是形成科特所说的"足够强大的指导联盟"。这要通过遵循 SAFe 实施路线图的前 4 个步骤来完成。

- 步骤 1:达到引爆点。
- 步骤 2:培训精益-敏捷变革代理人。
- 步骤 3:培训企业高管、经理和主管。
- 步骤 4:创建精益-敏捷卓越中心。

本章描述了这段旅程的前 4 个步骤。

12.2 步骤1:达到引爆点

"引爆点指的是一个想法、趋势或社会行为跨越一个门槛、瓶颈,并像野火一样蔓延的神奇时刻。"

——马尔科姆·格拉德威尔(Malcolm Gladwell),
The Tipping Point: How Little Things Can Make a Big Difference

改变工作方式——包括大型组织的习惯和文化——是很困难的。人们天生抗拒改变。接受变革意味着承认组织及其员工存在缺点的可能性。更糟糕的是，它可能挑战人们长期以来的信念或价值观。因此，这种变革必须有一个理由，一个令人信服的理由，以致维持现状变得完全无法接受。

换句话说，企业需要达到引爆点[1]——在这个十字路口，组织的当务之急是实现变革而不是抵制变革，从而产生克服惰性和安于现状思想所需的紧迫感。

我们已经观察到了两种力量，它们是促使一个组织走向 SAFe 的最常见的"催化剂"。

- **一个燃烧的平台**。有时候，变革的必要性是显而易见的。公司的竞争力江河日下，而现有的经营方式不足以在可生存的时间范围内实现新的解决方案。人们的工作岌岌可危，这促使整个组织产生了一种进行强制性变革的紧迫感。这是一种比较容易变革的情况。虽然总有一些人会抵制，但推动整个组织变革所需要的能量是势不可当的。

- **积极主动的领导力**。在缺乏一个燃烧的平台的情况下，领导层有责任通过"表明立场"来主动推动变革，以实现更好的未来状态。这是一个推动变革的不那么明显的原因，因为组织中的人可能看不到或感觉不到需要做额外艰苦工作的紧迫感。毕竟，组织现在是成功的。人们为什么要假定这种情况在未来不会继续呢？变革难道不是很困难的吗，况且还要冒险？在这种情况下，领导层必须不断地沟通变革的原因，明确指出维持现状是不可接受的。

在极少数情况下，组织会既有燃烧的平台，又有积极主动的领导力，从而勇于引导变革。这样的组织会经历一个快速且戏剧性的转变——从黯淡的企业生存危机到积极的业务成果和光明的未来。

然而，达到引爆点本身并不足以令企业取得成功。它需要一个由实践者、管理者和变革代理人组成的指导联盟，这些人能够实施具体的流程变革。或许，更重要的是，它还需要一些领导者，他们能够设定愿景、指明方向，并消除变革的障碍。这样的领导者必须具有足够引起重视的组织公信力，并且具备做出快速、明智决策所需的专业知识。

在创建愿景之后，是时候建立一个足够强大的指导联盟来实施 SAFe 了。要做到这一点，各组织必须采取以下三个步骤。

---

[1] 马尔科姆·格拉德威尔（Malcolm Gladwell），*The Tipping Point: How Little Things Can Make a Big Difference*（Little，Brown and Company，2006）。

12.3 步骤2：培训精益-敏捷变革代理人

你是否正在创建一个关键的群体来帮助你变革？[1]

——W·爱德华兹·戴明（W. Edwards Deming）

大多数企业从组织内部和外部寻找变革代理人。他们可能是业务和技术领导者、敏捷教练、项目群经理和项目经理、流程负责人，等等。此外，在整个企业中推广敏捷框架，需要培训所有从事相关工作的人员。为了使培训切实可行并且具有成本效益，SPC（SAFe咨询顾问）获得了许可来教授其他SAFe课程。这种经济实惠的策略提供了启动和实施变革所需的培训师。虽然获得SPC认证的人员具备了对他人提供培训的能力，但是对于实践SAFe经验有限的新SPC来说，强烈建议他们与更有经验的内部或外部教练结对工作。

规模化敏捷课程"实施SAFe的SPC认证"有助于培养变革代理人，并使他们做好准备，从而通过采用SAFe来领导组织转型。

12.4 步骤3：培训高管、经理和主管

"人们已经尽了最大的努力。问题出在系统上。只有管理者才能改变系统。管理者仅仅对质量和生产率做出承诺是不够的，他们必须知道自己应该要做什么……管理者的这项责任是不能委派给其他人的。"

——W·爱德华兹·戴明（W. Edwards Deming）

有一些关键的领导者将提供持续的管理层资助。其他的管理者将直接参与SAFe的实施工作，管理其他实施者，并直接参与ART的执行。所有这些利益相关者都需要具备相关的知识和技能来领导SAFe的实施工作，而不是随波逐流地组织SAFe的实施工作。该培训可能包括以下课程：

- **领导SAFe的实施工作。**本课程旨在教授SAFe精益-敏捷思维、原则和实践，以及在管理新一代知识工作者方面最有效的领导力价值观。本课程还可以帮助组织达到变革的引爆点，并为企业播下知识渊博、积极进取的领导者的种子，让他们做好指导企业的准备。

- **SAFe精益投资组合管理。**这是一门课程和工作坊，参与者将在这里获

---

[1] W·爱德华兹·戴明（W. Edwards Deming），*Out of the Crisis*（MIT Center for Advanced Educational Services，1982）。

得实施精益投资组合管理（LPM）的战略与投资资金、敏捷投资组合运营和精益治理功能所需的实用工具和技术。虽然最初无须对领导者进行LPM培训，但一个日益增长的趋势是，在企业采用SAFe的同时开始采用LPM。这个培训为领导者提供了一个体验投资组合管理中的精益-敏捷实践的机会，这是一个领导者所熟悉的领域，通过这个培训，促进了领导者对转型的更好支持。

12.5 步骤4：创建精益-敏捷卓越中心（LACE）

> "一个指导联盟可以作为一个高效运作的团队，这个团队可以处理更多的信息，并且处理速度也可以更快。它还可以加快新方法的实施，因为有权力的人往往了解真正的情况，并致力于做出关键的决策。"
>
> ——约翰·科特（John Kotter）

在第9章中，我们指出了精益-敏捷卓越中心（Lean-Agile Center of Excellence，LACE）如何才能成为实现转型和促进坚持不懈的改进的强大而持久的力量。

事实上，经验表明，企业中是否建立了LACE的组织，是一个显著的特征，可根据这一特征来区分那些名义上实践精益-敏捷的公司，与真正致力于采用精益-敏捷实践并因此获得最佳业务成果的公司。

建立变革愿景

随着领导者和变革代理人的指导联盟的形成，他们开始为组织采用SAFe后将带来的变革制定清晰的愿景。这个愿景应该从一个令人信服的、容易理解的变革理由开始。科特指出，建立"变革愿景"是领导层的首要责任。[1] 愿景提供了三个至关重要的好处。

- **目的**。它阐明了变革的目标和方向。它为所有人设定了应遵循的使命。它让每个人都关注于"为什么"变革，而不是"如何"变革。
- **激励**。愿景通过给予人们一个令人信服的理由，让他们做出改变，并开始朝着新的方向快速前进，从而有助于激励人们采取行动。毕竟，变革是艰难的。人们的角色和责任会发生转变，恐惧会导致一些人离开。然而，如果有了令人信服的愿景，每个人都会知道变革必须发生，维持现状是没有工作保障的。

---

1 约翰·科特（John Kotter），*Leading Change*（Harvard Business Review Press，1996）。

- **对齐**。对齐的力量有助于启动所需的协调行动措施，以确保数百人，甚至数千人一起朝着一个新的、更能体现个人价值的目标努力。有了清晰的愿景，人们就可以为实现愿景而采取必要的行动，而无须不断地进行管理监督。

就 SAFe 转型而言，变革的愿景必须植根于领导者对精益 – 敏捷思维（参见第 3 章）和 SAFe 原则（参见第 4 章）的理解。同样重要的是，领导者要明白，他们的领导方式会直接影响员工是否接受变革，并为变革的成功做出贡献。精益 – 敏捷领导力能力（参见第 5 章）描述了为变革创造积极环境的领导者行为。

LACE 使命声明

和任何敏捷团队一样，LACE 需要与一个共同的使命保持对齐，以实现实施 SAFe 的愿景。图 12-1 显示了一个使命声明的示例。

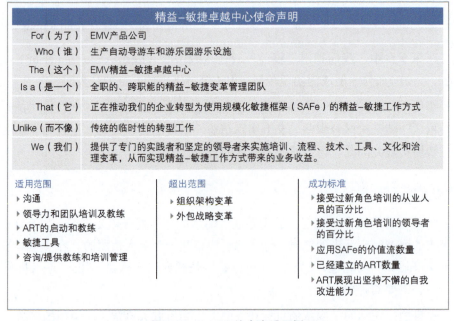

图 12-1　LACE 使命声明示例

正如我们在第 9 章中所指出的那样，LACE 可以是新兴的敏捷项目群管理办公室（APMO）的一部分，也可以作为一个单独的小组存在。在以上两种情况下，LACE 通常作为知识和转型活动的焦点，可以通过变革为企业提供动力。此外，LACE 通常会演变成一个常设组织，以进行精益 – 敏捷教育、沟通和坚持不懈的改进。

运营和组织

LACE 通常作为一个敏捷团队来运营（通常每个业务单元有 4～6 人），它采用与 ART 相同的迭代和项目群增量（PI）节奏。这使得 LACE 能够与 ART 协调一致地进行计划、检视和调整（I&A），成为敏捷团队行为的典范。因此，LACE 需要具有与 ART 类似的角色：

- 一个产品负责人与利益相关者合作，对团队的转型待办事项列表进行优先级排序。
- 一个 Scrum Master 负责引导这一过程，并帮助消除障碍。
- LACE 团队是跨职能的，拥有来自不同职能组织的可靠人员。这使得无论待办事项列表的条目出自哪里，无论这些条目是否与组织、文化、业务或技术相关，团队都可以处理它们。
- 这个团队的产品经理通常是 C 层级的领导（或比 C 层级低一级的领导）。

通常情况下，LACE 负责以下类型的活动：

- 沟通对 SAFe 的业务需要。
- 整合 SAFe 的实践。
- 培养实践社区。
- 围绕组织变革进行思想和行为上的对齐。
- 为 ART 利益相关者、团队提供教练和培训。
- 建立客观的度量。
- 引导价值流识别工作坊。

定义 LACE 团队的规模和分布

LACE 的规模必须与开发企业的规模和分布成正比。一个由 4～6 名专职人员组成的小型 LACE 团队，可以支持几百人规模的组织；而一个规模较大的 LACE 团队则可以按比例支持规模更大的组织。

对于小型企业而言，单一的中心化 LACE 可以平衡速度与人员规模。但是，在大型企业（通常是员工人数超过 500 人，甚者超过 1000 人的企业）中，可以考虑采用去中心化模式或轴辐模式（hub-and-spoke model），如图 12-2 所示。

LACE运作模式

图 12-2　LACE 团队的组织模式

　　LACE 有一项艰巨的任务：改变一个大企业的行为和文化。一旦 LACE 形成，人们自然会希望加快进度，尽快完成所有待办事项列表的工作。但是，如果从一开始就试图消除所有主要的组织障碍，可能会使转型停止。相反，通过定义和启动 ART，LACE 使组织有能力在整个指导联盟的支持下取得短期胜利。然后，随着其他 ART 的启动，这些成果将得到巩固。

　　LACE 应该与业务负责人合作，确定他们最关心的度量指标，确定企业如何跟踪转型的成功，在启动第一个 ART 之前获得这些度量指标的基线，并对每一个 PI 和每一个新启动的 ART 进行重新度量，这样，即使在转型的早期阶段，也可以用"硬数据"来跟踪随着时间推移而产生的业务收益。这为解决更广泛的组织问题提供了所需的积极动力。

　　业务敏捷力评估（参见第 16 章）可以帮助 LACE 了解一个投资组合在实现业务敏捷力的道路上所处的位置。LACE 应该在转型之初提供基线评估，然后持续度量进展情况，并使用所提供的建议来推动改进待办事项列表。

沟通益处

> "如果你不能在五分钟或更短的时间内将愿景传达给他人，并得到他人一个既表示理解又表示感兴趣的反应，那么沟通就没有完成。"
>
> ——约翰·科特（John Kotter）

无论变革的原因是燃烧的平台还是积极主动的领导力，目标都是一致的：实现变革所能带来的业务收益。SAFe 的原则 1 提醒我们要"采取经济视角"。在这种情况下，领导者应该使用每个人都能理解的语言来传达变革的目标。数十个案例研究[1]可以帮助人们理解这一历程及其收益，这些收益主要被归纳为四个方面，如图 12-3 所示。

图 12-3　SAFe 的业务收益

领导者应将这些预期成果作为变革愿景的一部分进行沟通。此外，领导者还应该描述他们希望实现的任何具体目标和措施。这将为组织摆脱现状的惰性提供必要的"精神燃料"。

12.6　总结

改变大型组织的习惯和文化是困难的。有些人天生抗拒变革。因此，采取变革行动必须有一个理由——一个如此令人信服的理由，以至于维持现状变得不可接受。有两种主要的力量可以使一个组织向 SAFe 倾斜：一个燃烧的平台，在这个平台上组织失去了竞争力；或者积极主动的领导力，即领导者为了组织有更好的未来而表明立场。

在达到引爆点后，组建一个指导联盟是下一步关键的行动。一个有效的联盟必须包括整个组织中合适的人员，特别是那些能够设定愿景、消除障碍，以及坚持变革的领导者。这个联盟中的人需要具有足够引起重视的组织公信力，并且具备做出快速、明智决策所需的专业知识。这个联盟还需要能够实施本地和具体的流程变革的团队成员、管理者和变革代理人。下一个步骤将是设计实施的内容。

1　参见链接 37。

第13章

设计实施

"打破部门之间的藩篱。"

——W·爱德华兹·戴明（W. Edwards Deming）

13.1 概述

在第 12 章中，我们介绍了实施路线图的前 4 个步骤，如何帮助组织形成"指导联盟"——一个由知识渊博、热情洋溢的人组成的强有力的团队，他们可以领导企业实施规模化敏捷框架（SAFe）。在本章中，我们将介绍如何通过接下来的两个步骤对实施方式进行设计。

- 步骤 5：识别价值流和敏捷发布火车（ART）。
- 步骤 6：创建实施计划。

13.2 步骤5：识别价值流和敏捷发布火车

有了紧迫感和强有力的联盟，是时候可以开始 SAFe 的实施了。由于价值流和 ART 构成了 SAFe 的组织骨干，下一步就是选择一个价值流并组织第一个 ART。尽管没有一个唯一正确的方法来开始这种虚拟重组，但是有一些起点比其他起点更加有效。开启这个过程的有效方法是首先识别运营价值流，然后确定需要哪些开发价值流来支持它。

图 13-1 强调了识别价值流和 ART 的六个主要步骤。

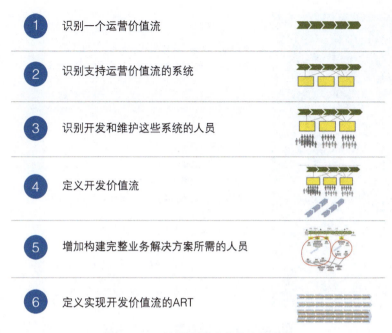

图 13-1　一个识别开发价值流的流程

1．识别运营价值流

对于一些组织而言，识别运营价值流很容易。许多价值流指的是支持公司销售的产品、服务或解决方案的一系列活动。然而，在大型企业中，这项任务更为复杂。价值流通过各种应用程序、系统和服务（跨越分布式组织的许多部分）流向内部和外部客户。在这些情况下，识别运营价值流在本质上是一项分析活动。图 13-2 提供了一组问题，可以帮助利益相关者处理识别过程。

此外，在大型企业中识别运营价值流需要认识到组织更广泛的使命，并明确地了解特定的价值元素是如何流向客户的。

图 13-3 展示了一个消费贷款运营价值流，包括触发器（客户需要贷款）、步骤（绿色 V 型箭头）和人员，以及该运营价值流所产生的价值（还款加利息）。本章的其余部分将把这个运营价值流作为一个例子来加以分析。

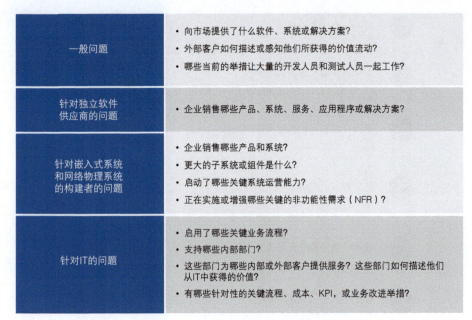

图 13-2 帮助识别运营价值流的问题

图 13-3 一个消费贷款运营价值流示例

当识别出运营价值流之后，就可以使用一个价值流定义的模板（如图 13-4 所示）来捕获有关运营价值流的信息。该模板描述了启动工作流动的触发器、所涉及的客户，以及这些客户和企业所获得的价值。

名称	消费贷款
描述	为客户提供无担保/担保贷款
客户	现有的零售客户
触发器	客户想要借钱，并通过任何现有的渠道与银行接洽
企业获得的价值	还款加上利息
客户获得的价值	贷款

图 13-4 消费贷款运营价值流的价值流定义模板示例

2. 识别支持运营价值流的系统

下一步是识别支持运营价值流的系统（如图 13-5 中的黄色框所示）。绘制线条将每个系统与它所支持的一个或多个价值流步骤连接起来。正如我们的消费者贷款示例所示，这使我们对实际的系统是什么，以及系统如何支持运营价值流有了更深刻的理解。

图 13-5　识别支持运营价值流的系统

3. 识别开发和维护这些系统的人员

一旦识别了支持运营价值流的系统，下一个活动就是估计构建和维护那些系统的人员的数量和工作地点（见图 13-6）。

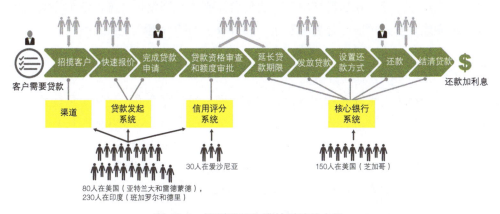

图 13-6　识别开发和维护系统的人员

4. 定义开发价值流

下一步是识别和定义开发价值流（如图 13-7 中的蓝色箭头标志所示），并包括开发和交付价值所需的所有人员。开发价值流的触发器是驱动新特性的想法。价值是系统的新的或增强的特性和功能。触发器有助于识别需要多少个开发价值流。如果大多数需求需要触及每一个系统来实现新功能，我们可能只有一个开发价值流。

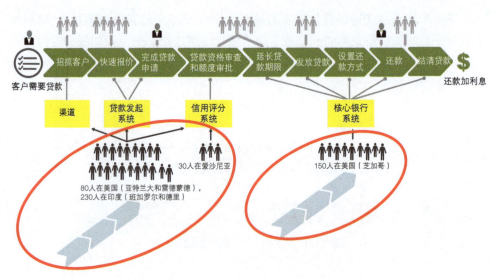

图 13-7 定义支持系统和人员的开发价值流

然而，如果这些系统在很大程度上是解耦的，我们可能就会有几个开发价值流。图 13-7 说明，大多数需求会涉及前三个系统或最后一个系统，但很少会涉及所有系统。因此，在这种情况下，我们将识别两个开发价值流，每个价值流都能够独立地开发、集成、部署和发布，具有最小的跨价值流依赖关系。

5．增加构建完整业务解决方案所需的人员

业务敏捷力要求涉及业务解决方案定义和交付的每个人（包括信息技术、运营、法律、营销、财务、支持、合规、安全方面的人员，以及其他人员）都被视为开发价值流的一部分。考虑到这一点，下一步是识别出这些额外的人员和团队，他们也是上一步所确定的开发价值流的一部分。图 13-8 表明了一些来自法律、营销和支持部门的人已经加入一个开发价值流。

业务团队如何整合到价值流或 ART 中，取决于其所从事工作的范围和性质。例如，像产品营销这样的团队，可以作为一个完整的团队直接嵌入 ART 中，或者分散嵌入其他团队中。

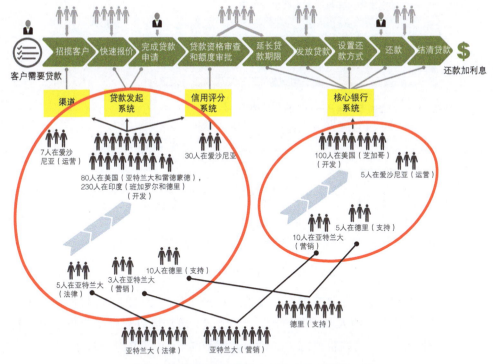

图 13-8 增加构建完整业务解决方案所需的人员

6. 定义实现开发价值流的 ART

最后一个活动是定义交付价值的 ART。我们的经验表明，最有效的 ART 具有以下特征：

- 包含 50～125 人。
- 关注整体系统或相关的一组产品、服务或解决方案。
- 需要长期稳定的团队来持续交付价值。
- 与其他 ART 的依赖关系最小。
- 可独立于其他 ART 发布价值。

根据从事这项工作的人数，设计 ART 的模式可能有以下三种（见图 13-9）。

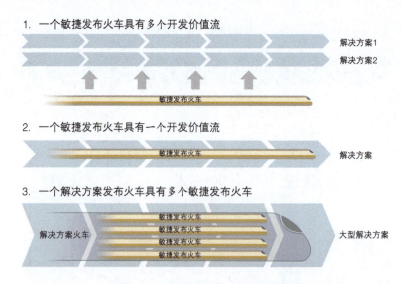

图 13-9　三种可能的 ART 设计模式

- **一个敏捷发布火车具有多个开发价值流**。当几个相关的产品或解决方案可以由相对较少的人员来生产时，一个 ART 通常可以交付多个价值流。在这种情况下，这些价值流中的每个人都是同一个 ART 的一部分。

- **一个敏捷发布火车具有一个开发价值流**。通常，单个 ART 可以实现一个小的价值流（50～125 人）。这很常见，因为许多开发小组已经自然地被组织成类似规模的单元。

- **一个解决方案火车具有多个敏捷发布火车**。当开发价值流涉及许多人时，就必须被拆分成多个 ART，以形成一个解决方案火车（参见下面的介绍）。

用多个 ART 形成一个解决方案火车

正如我们在第 8 章中所描述的那样，构建一个大型解决方案往往需要多个 ART，因此，在一个大型解决方案中组织 ART 需要进行额外的分析。

这就引出了我们的下一个决定：是围绕"特性领域"还是"子系统"来组织 ART（见图 13-10）。如果几个团队所开发的特性和组件具有高度的相互依赖关系，当这几个团队在一个 ART 上共同工作时，解决方案火车可以工作得最好。

- **特性领域 ART** 针对流动和速度进行了优化。但是也要注意子系统的治理；否则，系统架构最终会衰退。作为对策，系统架构师（一个人或多个人，甚至是一个小团队）致力于维护平台的完整性和子系统治理。

- **平台 ART**（如组件、子系统）针对架构的健壮性和组件的重用进行了优化。然而，以这种方式组织 ART 可能会在 ART 之间产生依赖关系，从而减缓价值流动。

这里没有一个绝对正确的方法可以将价值流拆分为 ART，而大型开发价值流通常需要这两种类型的 ART。这里举一个例子，多个 ART 基于一个共同的平台提供服务或解决方案。在这种情况下，一个平台 ART，可能支持一个或多个特性领域 ART（见图 13-10）。

图 13-10　一个平台 ART 支持多个特性领域 ART

还有另一种熟悉的模式，在这种模式中，ART 实现的只是一个大型价值流的一个特性领域或一部分（某些价值流步骤），如图 13-11 所示。这似乎不是一种完全端到端的做法，但实际上，价值流的开始和结束是个相对的概念。敏捷发布火车所服务的不同类型的系统和运营价值流可能会提供一个逻辑上的分界线。当然，所有这些模式的组合会经常出现在更大的价值流中。图 13-11 是一个很好的例子。其中，第一个开发价值流的贷款发起和信用评分部分被分配到单独的 ART，第二个开发价值流有一个支持核心银行平台的单个子系统 ART。

最后，还有其他的 ART 设计和考虑因素，这些因素由地理位置、母语和成本中心所驱动——所有这些都可能影响 ART 的设计。由于这些设计通常会阻碍流动，因此必须谨慎小心。

> **把 ART 设计当作一种假设**
>
> 考虑将开发价值流拆分成 ART 的不同可选方案，并选择可以最佳平衡价值快速流动与恰到好处的架构完整性的选项，这一点很重要。将每个设计选项视为一个假设，并根据你的假设实现自己最熟悉的可选方案。如果所选择的选项效果良好，就坚持下去，继续该设计；否则，就转向并尝试不同的方式。

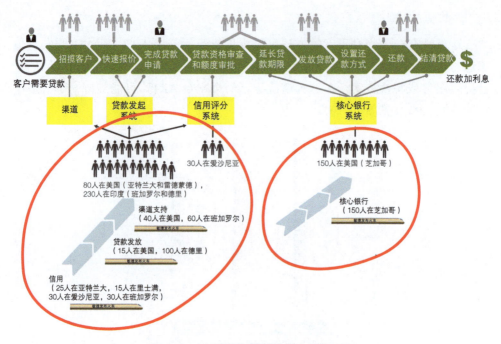

图 13-11 在消费者贷款示例中组成 ART

正如前面所述,识别价值流和 ART 是关键的一步,这一步有时会很复杂,在大型企业中更是如此。为了协助完成这一过程,SPC 可以应用以下这个专门为此目的所设计的工具包。

价值流和 ART 识别工作坊工具包

这个工具包为 SPC 提供了引导价值流和 ART 识别工作坊所需的资源。该工作坊提供了一种结构化的、经过验证的方法,用于与利益相关者合作,以识别价值流和 ART。它通过考虑协调需求、依赖关系、史诗分布和组织变革影响来帮助利益相关者优化其设计。该工作坊通常在关键利益相关者参加的"领导 SAFe"(Leading SAFe®)课程之后立即进行。该工具包可以在链接 38 上获得。

13.3 步骤6:创建实施计划

下一个步骤涉及制订实施 SAFe 的计划。在一个较小的投资组合中,可能只有一个组织所感兴趣的价值流,这使得企业向 SAFe 转型的目标很明显。然而,大型企业就需要进行许多额外的分析,并且领导层通常需要选择要处理的第一个价值流。

选择第一个敏捷发布火车

对于一个组织而言，最初专注于一个价值流（相应地，第一个 ART）是很常见的。这可以创造一个初步的成功，并获得可以应用于其他价值流的知识。确定第一个 ART 的候选对象的有效策略，是在考虑四个因素的交叉部分之后来制定的，如图 13-12 所示。

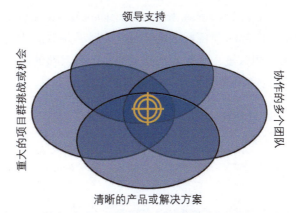

图 13-12　寻找更有机会成功的 ART 来开始向实施 SAFe 转型

图 13-12 说明，第一个 ART 的"目标"通常最符合以下标准的组合：

- **领导支持**。精益－敏捷领导者通过赋予个人和团队权力来推动和维持组织变革。选择一个有领导支持的 ART，对于实施新的工作方式和提供系统的改进至关重要。
- **清晰的产品或解决方案**。当 ART 围绕着特定的产品或解决方案进行对齐时，其效果最好。
- **协作的多个团队**。敏捷团队为 ART 提供了动力。第一个 ART 要选择那种多个团队已经存在，并且正在合作的，这将确保为该 ART 的下一步扩展打下坚实的基础。
- **重大的项目群挑战或机会。** 就像我们前面说的那样，创造紧迫感是成功变革的第一步。一个重大的项目群挑战或机会提供了这种紧迫感，并确保第一个 ART 有潜力证明对业务成果的重大改进。

为其他 ART 和价值流创建初步计划

然而，在我们着手启动第一个 ART 之前，很可能已经形成了一个更广泛的实施计划。虽然这一过程还处于早期阶段，但推出更多 ART 和启动更多价值流的战略可能已经初具规模。简而言之，变革正开始发生，迹象无处不在。

- 新的愿景正在全公司范围内传达和扩散
- 主要利益相关者正在相互讨论，对齐思想
- 空气中弥漫着一种重大事件将要发生的气息，且引起了人们的关注

精益－敏捷卓越中心（LACE）以及众多的 SPC 和领导者，通常会使用敏捷和 SAFe 作为其 LACE 的运作模式来指导组织向实施 SAFe 转型。按照 SAFe 的实践，LACE 会举行内部的项目群增量（PI）计划，并邀请其他利益相关者，如业务负责人，以帮助团队进一步制定实施战略。一个自然的输出将是一个针对实施的 PI 路线图，它为实施提供了一个计划和 PI 节奏（见图 13-13）。

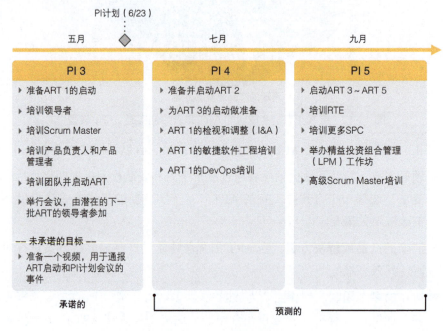

图 13-13　PI 路线图示例

13.4　总结

价值流和 ART 是 SAFe 实施的组织支柱，并且对这一旅程的成功至关重要。它们支持精益目标，即在最短时间内交付价值，并跨越那些经常阻碍流动的职能筒仓。

组织要转向这种新的组织模式，开始这个过程的一种有效方法是首先确定业务价值流，然后确定需要哪些开发价值流来支持它们。对于一些组织来说，识别

运营价值流是一项简单的任务。许多价值流仅仅是公司自己研发、销售或使用的产品、服务或解决方案。对于其他组织来说，这个过程比较复杂，需要进行一些额外的分析，以弄清将交付哪些价值以及这些价值如何在组织中流动。

创建实施计划首先要在所选的开发价值流中选择第一个ART——一个完全符合标准的ART，这些标准包括领导的支持、清晰的产品或解决方案、协作的多个团队，以及重大的项目群挑战或机会。一旦确定了第一个ART（也许还有后续的ART），就可以制订一个广泛的实施计划。

提供空间和时间来设计和计划实施措施是至关重要的。试图走捷径或轻而易举地完成这一步，就像你在试图加速的同时把脚踩在刹车上一样。但是，如果把这一步做好了，组织就能顺利地成功转型，并为下一步启动ART做好准备。

第14章

实施敏捷发布火车

"培训每一个人,并启动火车"。

——SAFe 忠告

14.1 概述

在本书第三部分的前两章中,我们描述了实施路线图步骤的第 1~6 步。在本章中,我们将介绍接下来的 3 个步骤,它们合在一起可以说是组织向实施 SAFe 转型中最重要的部分,也是企业实施敏捷发布火车(ART)的部分。本章中描述的步骤如下:

- 步骤 7:准备 ART 启动。
- 步骤 8:培训团队并启动 ART。
- 步骤 9:教练 ART 执行。

此外,我们还将介绍一种加速的,为期 1 周的"快速启动"方法来启动 ART。这种方法在经过一些准备工作之后,是 ART 开始交付价值的最快方式。

14.2 步骤7:准备ART启动

到目前为止,企业应该已经识别出了价值流,并制订了实施计划。它还将对第一个 ART 进行宽泛的定义。这是一个关键时刻,因为计划现在正走向实施。从变革管理的角度来看,第一个 ART 的启动是至关重要的。这将是对工作方式的第一次重大变革,并将产生有助于为变革造势的初步短期胜利。

SAFe 咨询顾问(SAFe Program Consultant,SPC)通常会领导 ART 初期的实施,那些经过 SAF 培训的 ART 利益相关者和精益-敏捷卓越中心(LACE)成员也将支持 ART 实施。无论由谁来领导 ART 启动的准备工作，都需要引导以下各小节所描述的活动。

定义 ART

在第 13 章中，我们描述了定义第一个价值流和 ART 的过程。在计划的这一阶段，根据在 ART 画布中所描述的详细信息，可以确定它是一个潜在的 ART。不过，它的细节和边界要留给那些更了解本地上下文的人。ART 画布[1]（见图 14-1）为这一定义提供了一个模板。

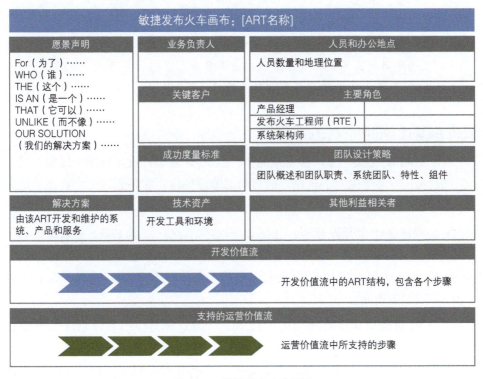

图 14-1　敏捷发布火车画布

ART 画布的一个关键目标是帮助团队确定 ART 的主要角色、火车的愿景、火车提供什么解决方案、客户是谁，等等。从系统思考中我们知道，构建解决方案的组织的人员、管理和流程也是一个系统。根据这个定义，ART 本身也是一个系统。要想让这个系统正常运行，就必须实现系统定义、构建、确认和部署的职责。在 ART 画布上填写基本的角色，可以促进这些讨论变得更加有效，并强调 ART 中成员所应该担负的新的职责。

---

[1] 感谢 SPCT Mark Richards，他提供了 ART 画布的灵感。

> **谁是业务负责人**
>
> 业务负责人是 ART 的一个关键角色。他们是一小群利益相关者（通常为 3～5 人），他们对 ART 解决方案的治理、合规和投资回报负有主要的业务和技术责任。以下问题有助于识别业务负责人：
> - 谁最终对业务成果负责？
> - 谁能在现在和不久的将来评估解决方案的技术效能？
> - 谁应该参与 PI 计划，帮助消除障碍，并代表开发人员、业务人员和客户发言？
> - 谁能批准、支持并（如果必要的话）维护一组承诺的项目群增量（PI）计划，并且知道它们永远不会让每个人都满意？
> - 谁能帮助协调 ART 与企业内其他组织的工作？
>
> 这些问题的答案将有助于识别业务负责人，这些业务负责人在交付 ART 价值方面发挥着至关重要的作用。

设置启动日期和项目群节奏

有了 ART 的定义，下一步就是为第一次 PI 计划事件设置日期。这将创建一个强制功能，一个"确定了日期"的启动的最后期限，它将创建一个起点并定义计划时间表。

还必须建立一个开发节奏，包括 PI 和迭代长度。尽管 SAFe 全景图显示了一个为期十周的 PI，其中包括四个常规迭代和一个创新与计划（Innovation and Planning，IP）迭代，但 PI 节奏没有固定的规则，对于 IP 迭代应该保留多少时间也没有固定的规则。

一个 PI 的推荐持续时间为 8～12 周。一旦选择好了节奏，它就应该在 PI 之间保持稳定。这使得 ART 具有可预测的节奏和速度。固定的节奏还允许火车的团队成员和利益相关者在其日历上安排一整年的 ART 活动。PI 日历通常包括以下活动：

- PI 计划事件
- 系统演示
- Scrum of Scrums、PO 同步会，以及 ART 同步会
- 检视和调整（I&A）事件

PI 日历提供的预先通知可以减少旅行和设施成本，并有助于确保大多数利益相关者都能参与。一旦设置了 PI 日历，团队事件也可以被安排，每个团队可

以为他们的每日站会、迭代计划、评审和回顾事件定义时间和地点。火车上的所有团队应该使用相同的迭代开始日期和结束日期，这有利于整个 ART 的同步。

培训 ART 领导者和利益相关者

根据 SAFe 推广的范围和时间的不同，可能会有一些 ART 的领导者——发布火车工程师（RTE）、产品经理、系统架构师/工程师、业务负责人和其他利益相关者——没有参加过"领导 SAFe"（Leading SAFe）培训。

这些 ART 的领导者很可能对 SAFe 不熟悉，对预期不清楚，也可能不了解他们亲自参与的必要性和好处。他们要理解并支持新模式以及新角色的职责，这一点至关重要。SPC 通常会安排一个"领导 SAFe"课程来培训这些利益相关者，并激励他们的参与。接下来通常会有一个为期一天的实施工作坊，新接受培训的利益相关者和 SPC 们，可以在工作坊上制订启动计划的具体内容。毕竟，这是他们的 ART，只有他们才能计划出最好的成果。从本质上讲，这是将主要的责任从变革代理人身上，转移到新形成的 ART 的利益相关者身上。

建立敏捷团队

在实施计划的过程中，会出现如何围绕解决方案的目的和架构来组织敏捷团队的问题。与组织 ART 本身类似，组织敏捷团队有两种主要模式。

- **特性团队**。特性团队聚焦于用户功能，为快速的价值交付而优化组成团队。这是首选方法，因为每个团队都能够交付端到端的用户价值。它们还有利于团队成员"T型"（多种）技能的发展。

- **组件团队**。组件团队被优化组成，从而能够实现架构的完整性、系统的健壮性和资产（如代码、组件、服务）的重用。这种类型的团队应仅限于重大的重用机会、技术高度专业化的领域，以及关键的非功能性需求（Non-functional Requirement，NFR）。

大多数 ART 都是特性团队和组件团队的混合体。然而，ART 应该避免围绕技术系统基础设施（如架构层、编程语言、中间件、用户界面）组织团队，因为这样会产生不必要的依赖关系，从而减少新特性的流动，并导致脆弱的设计。

下一步是组建敏捷团队，这些敏捷团队将在火车上。一个创新的解决方案是，让 ART 上的人员能够在一组最小约束条件下进行自组织。

> **自组织成敏捷团队**
>
> 来自普雷蒂敏捷私人有限公司（Pretty Agile Pty Ltd.）的 SAFe 研究员艾姆·坎贝尔-普雷蒂（Em Campbell-Pretty），在 *Tribal Unity: Getting from Teams to Tribes by Creating a One Team Culture* 一书中，介绍了如何促进 ART 自组织为敏捷团队。艾姆·坎贝尔-普雷蒂指出："无论你是已经拥有了若干团队，还是正在考虑创建若干团队，都需要明确这些团队的使命，然后确保这些团队拥有正确的技能来完成这些使命，最好是自主完成这些使命。我想补充一点，我们需要真正的团队，而不仅仅是一群一起工作的人。"

在其他情况下，管理层可以根据团队成员的目标，以及管理层对个人才能和抱负的了解、打造 ART 的时机与其他因素来领导最初组成的团队。这通常需要团队和管理层之间进行大量的合作。

在进行 PI 计划之前，所有将要加入 ART 的人员都需要成为跨职能敏捷团队的一员，也需要确定最初的 Scrum Master 和产品负责人角色。如图 14-2 所示，团队花名册模板是一个简单的工具，可以帮助明确和可视化每个团队的组织。

团队序号	团队名称	角色	团队成员姓名	地理位置
1	团队A	Scrum Master	姓, 名	城市, 国家
2	团队A	产品负责人	姓, 名	城市, 国家
3	团队A	开发人员		
4	团队A	开发人员		
5	团队A	开发人员		
6	团队A	测试人员		
7	团队A	测试人员		
8	团队A	<角色>		
9	团队A	<角色>		

图 14-2　一个敏捷团队的花名册模板

填写花名册这个简单的行为，可以提供相当多的信息，因为它开始将敏捷开发中比较抽象的概念具体化。毕竟，一个敏捷团队的理想结构是相当明确的；有关谁是团队成员，以及专业角色的性质的问题，可以引起一些公开的讨论。即使是将一个人分配给一个敏捷团队这一看似简单的行为，也会有许多值得注意的地方。但是，这里没有回头路可走。经过验证的敏捷成功模式，包括"每个团队成员只能对应一个团队"，这一点是很清楚的。

"地理位置"一栏也很有意思，因为它定义了每个团队在同一地点办公和分布式办公的程度。当然，同一地点办公更好。但是，在某些情况下，可能会出现一个人或多个人无法与其他人员在同一地点办公的情况。这种情况可能会随着时间的推移而变化，但至少每个人都应了解当前团队成员的所在地，因此他们可以根据团队成员所在的地点开始考虑每日站会（Daily Stand-Up，DSU）的时间和其他团队事件。

培训产品负责人和产品经理

产品负责人和产品经理为火车提供了方向，他们对 ART 的成功至关重要。所以，履行这些角色的人必须接受培训，以学习新的工作方式，确保相互之间的合作，并了解如何最好地履行自己的职责。此外，这些角色将负责建立初始项目群待办事项列表，这是 PI 计划会议的一个关键工件。

"SAFe 产品负责人／产品经理"（SAFe Product Owner/Product Manager）课程，将教授产品负责人和产品经理如何在 SAFe 企业中共同推动价值的交付。

培训 Scrum Master

有效的 ART 依赖于 Scrum Master 的仆人式领导力，以及他们对敏捷团队成员进行教练，从而提高团队绩效的能力。Scrum Master 在 PI 计划会议中起着至关重要的作用，并通过 Scrum of Scrums 会议帮助敏捷发布火车协调价值交付。如果 Scrum Master 在开始第一个 PI 之前接受适当的培训，那是非常有帮助的。

"SAFe Scrum Master"课程教授基础知识，并探讨 Scrum 在 SAFe 上下文中的作用。这个课程对 Scrum Master 新手和有经验的 Scrum Master 都是有益的。

培训系统架构师和工程师

系统架构师／工程师通过提供、通报和推进解决方案的更广泛的技术和架构视图来支持解决方案的开发。

"SAFe 架构师"（SAFe for Architects）课程，向高级技术贡献者教授了架构在精益-敏捷企业中的作用。学员将探索精益-敏捷架构、DevOps 和持续交付的基本原则。他们还将学习如何领导、支持解决方案火车和 ART，如何将驱动连续流动的原则扩展到大型系统的系统，并在整个投资组合中实现改进的价值流动。

评估和演进启动的准备程度

对人员进行新角色和新职责的培训是 ART 准备的关键，但这只是 ART 成功启动的一个要素。PI 计划是一项重要的事件，需要做好准备工作。SAFe PI 计划工具包中的《ART 准备工作手册》（*ART Readiness Workbook*）为此提供了一个检查单。SPC 可以通过访问链接 38 获得该工具包。

然而，由于 SAFe 是基于经验的计划－执行－检查－调整（Plan–Do–Check–Adjust, PDCA）模式的，因此不存在完美的启动准备。试图在前期做得太过完美，将会耽误学习，推迟组织实施 SAFe 转型和收益的实现。

准备项目群待办事项列表

使用启动日期作为强制功能，增加了确定 PI 的范围和愿景的紧迫性。这是由版本和项目群待办事项列表（一组即将开发的特性、NFR，以及概述系统未来行为的架构工作）所定义的。因此，SPC 和 LACE 利益相关者经常会将 ART 利益相关者聚集在一起，准备一个共同的待办事项列表。这通常是通过一系列的待办事项列表工作坊和相关活动来完成的（见图 14-3）。

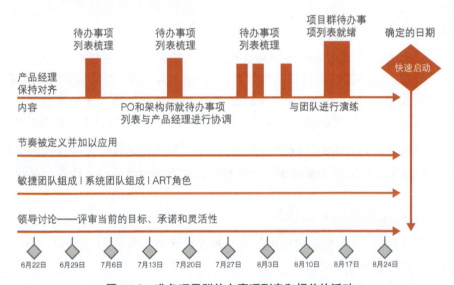

图 14-3　准备项目群待办事项列表和相关的活动

人们很容易对待办事项列表的准备工作投入过多，所以不要让准备工作减缓进度，因为与团队一起计划的行为会解决很多问题。经验表明，一个具有初始验收标准的、编写良好的特性列表就足够了。人们可能会有一种过度计划和提前创建用户故事的倾向，但当愿景发生变化时，这往往会造成金钱的浪费和人们的失望。

14.3　步骤 8：培训团队并启动 ART

现在，是时候聚焦在那些新的、初步确定的敏捷团队上了，他们将构成

ART 的主要部分。因为这些人员都是创建业务所需的系统的,所以他们要理解自己在 ART 中的角色,并获得提高效率所需的精益－敏捷技能,这些工作都至关重要。这些团队成员可能来自组织的不同部分(业务、开发、运营、支持,以及其他领域),他们定义、构建、测试和部署自己的解决方案。因此,下一个重要的任务是对所有团队进行 SAFe 工作方式的培训。

培训团队

有些人会觉得自己无须进行敏捷团队培训,这种想法很常见。然而,这门课程对于数字化转型的成功非常重要,因为这门课程的学习描述了各敏捷团队如何作为一个规模化敏捷团队在一起协同工作。

"SAFe 团队"(SAFe for Teams)课程提供了一个团队建设的机会,并对敏捷开发进行了介绍。它涵盖了敏捷宣言、Scrum、看板和内建质量实践,以及 Scrum Master 和产品负责人角色的概述。它还包括为 PI 计划做准备,以及建立一个用于跟踪故事的看板板。此外,团队还要准备他们的待办事项列表,这有助于针对即将到来的 PI 计划活动确定所需的一些工作。

理解大房间培训的好处

在一些敏捷推广活动中,各团队可能会在一个较长的时间段内分别接受培训。然而,我们建议采用更快速的方法,即所有 ART 团队同时接受培训。这种做法在业界引起了一些争议。许多人把这种方法与只有一个讲师的小规模的亲密环境相比较,无法想象大房间培训也能带来同等的好处。实际上,大房间培训提供的东西要多得多。但是,正如下面的故事所描述的,你必须经历这些事情,才能掌握它的全部效果。

> **大房间培训**
>
> 澳大利亚 CoActiviation 公司的 SAFe 研究员马克·理查斯(Mark Richards)分享了他在大房间培训方面的经验。"当有 100 人在房间里时,你是如何获得高影响力的培训体验的?我一开始是不相信的,所以我和客户一起在第一次 PI 计划前的一段时间里,安排了四到五次 SAFe 敏捷团队的课程。我要求他们派整个团队参加同一个课程,这样他们就可以坐在一起学习,而且他们会保证尽最大努力。然后,痛苦就此开始了。首先,直到培训前的最后一刻,这些团队的人员仍会不断变动。其次,因为某些人忙于当前项目的承诺而没有时间把所有人都凑齐,所以每次培训都会有两三个人缺席。并且,在不同地点

> 的团队成员将参加不同的课程。最后，我终于理解了大房间培训的动机和一些好处——并且最终被完全说服去尝试它。在第一次大房间培训之后，我被"它的效果""震撼"了，我花了一些时间来梳理它到底是如何如此强大的。"

"大房间"培训方法有以下好处：

- **加速学习**。这种培训将在两天，而不是几个月内完成，这有助于火车以规模化敏捷团队的形式聚集在一起，加速 ART 的启动。
- **一个规模化敏捷的通用模型**。所有团队成员均在同一时间接受同一讲师的同一培训。这就消除了由不同时间、不同讲师、使用不同课件材料的不同培训课程所造成的差异性。
- **成本效益**。大规模实施敏捷的挑战之一是培训的可获得性和费用。有才华、有经验的讲师很难找到，而且也不是一直都能找到，聘用他们的成本也相应较高。与一次培训一个团队相比，大房间方法的成本效益通常要高出三到五倍。
- **集体学习**。大房间培训的面对面互动和学习体验是无可替代的。它开始建立起 ART 所依赖的社交网络，并创造出比彼此单独工作时所能实现的更好的体验。大房间培训可以展现出一种实施转型的视角，在转型中，有些东西只有你亲身经历过才能相信。

尽管有所不同，但是"全方位，大房间培训"方法是 SAFe 最具成本效益和最有价值的实施策略之一。

启动 ART

成功启动 ART 的方法有很多，而且我们前面所描述的准备活动没有具体的时间表。但是，我们的经验表明，启动 ART 的最简单、最快速的方法是通过 ART 快速启动方法来实现的（见图 14-4）。

在 ART 启动的准备工作完成后，快速启动方法在敏捷团队中培训人员，并在一周内举办第一次 PI 计划会议。虽然这看起来令人望而生畏，但无数采用 SAFe 的实践表明，这是让 100 多人过渡到新工作方式的最简单、最实用的方法。

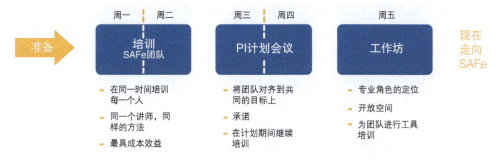

图 14-4　为期一周的全方位 ART 快速启动方法

计划第一个 PI

在 ART 快速启动期间，PI 计划会议有助于根据当前的优先级建立团队待办事项列表。它还能巩固培训中的学习成果。一个成功的 PI 计划会议对第一个 PI 的成功至关重要。它表明了对新工作方式的承诺，并提供了以下的益处：

- 为采用 SAFe 建立信心和热情。
- 开始将 ART 建立为规模化敏捷团队及其所依托的社交网络。
- 教授各团队如何承担计划和交付的责任。
- 为 ART 的使命和当前上下文创建充分的可视性。
- 展示精益－敏捷领导者对 SAFe 转型的承诺。

建议有经验的 SPC 与 RTE 共同引导 PI 计划会议，以确保成功。

14.4　步骤9：教练ART执行

> "每当你在工作完成之前松懈下来，你的关键动力就会丧失，工作随后就会出现倒退。"
>
> ——约翰·科特（John Kotter），*Leading Change*

在实施的这个阶段，最初的重大事件现在已经在"后视镜"中出现。团队已经接受了培训，第一个 ART 已经启动，并且第一个 PI 计划事件已经举行。所有这些努力的结果是，一个被授权的、有参与感的、协调一致的敏捷团队已经准备好开始构建能带来价值的解决方案。

在开始火车的关键工作之前，大家明白一点很重要，那就是仅仅通过培训和计划并不能使新成立的团队和 ART 变得敏捷。这些培训和计划只是提供了一个开始敏捷实施旅程的机会。为了支持团队和 ART 顺利实施 SAFe，领导层〔尤其是 SAFe 咨询顾问（SPC）们〕需要意识到学习了课堂知识不等于理解了实际操作。有效的敏捷实践和行为，通常需要几个 PI 才能成为规范，这也是需要花大力气来教练 ART 执行的原因。

教练团队

尽管通常是由 SPC 们聚焦于 ART 角色和事件，使之得以实现的，但是项目群的执行最终依赖于团队和技术敏捷力。因此，还需要 SPC 们在以下领域对敏捷团队进行教练：

- **启动迭代计划**：学习如何梳理和调整在 PI 计划会议中制订的计划。
- **待办事项列表梳理**：调整 PI 计划会议期间确定的用户故事的范围和定义。
- **每日会议**：帮助团队在迭代目标的进展上保持对齐，提出执行过程中所产生的障碍，并获得帮助。
- **迭代评审和系统演示**：获得利益相关者的反馈，并评估实现 PI 目标的进展。
- **迭代回顾**：评审团队实践并确定改进的方法。

然而，这仅仅是个开始。为了建立平稳一致的价值流动，敏捷团队将需要精通第 6 章中描述的内建质量实践。

这些实践中的大多数是在极限编程（Extreme Programming，XP）运动中建立的，并且仍然是软件工艺的坚实基础。DevOps 也对这些实践做出了实质性的贡献。

培训软件工程师

在过去的十年中，精益 - 敏捷和 DevOps 原则、实践的引入使得软件工程学科得到了发展。新的技能和方法将帮助组织在交付以软件为中心的解决方案时，更加快速、更加可预测，以及更加高质量。

"SAFe 敏捷软件工程"（SAFe Agile Software Engineering，SAFe ASE）课程提供了基础原理和实践，以实现价值的持续流动和内建质量，包括 XP 实践（如 BDD、TDD），以及测试自动化。

参加课程的人员还将学习如何在 SAFe 持续交付流水线（CDP）中定义、构建和测试故事。他们将探索抽象、封装、意图编程，以及面向对象软件开发的 SOLID 设计原则。他们将了解敏捷软件工程（ASE）如何融入解决方案上下文，并学会在意图架构和 DevOps 方面进行协作。

教练 ART

正如教练敏捷团队的方法那样，SPC 们通常通过以下基本事件来教练 ART：

- **PI 计划**。为一组共同的目标创建统一的和共享的承诺。
- **系统演示**。通过集成和验证工作解决方案来关闭快速反馈循环。
- **检视和调整（I&A）工作坊**。实现坚持不懈的改进和系统思考。
- **Scrum of Scrums、PO 同步会和 ART 同步会**。保持各团队和 ART 层面人员的信息同步、问题解决，并促进 PI 目标的实现。

但是，这些内容仅仅涉及了 ART 的目的和潜力的"皮毛"。为了帮助 ART 优化价值的流动，SPC 们会对 ART 的领导者进行教练，这样这些领导者的眼光将更加长远，并在未来会具有可以超越当前 PI 的工作范围和工作能力。随着团队成员逐渐胜任各自的角色，并熟练掌握了各项 PI 中的事件和活动，对 ART 进行教练的工作将会把重点转移到敏捷产品交付和持续交付流水线（CDP）上。这包括管理和不断提高 ART 能力的速度和质量，从而执行以下工作：

- **持续探索**。感知并响应市场和业务需要并应用设计思维，从而建立并维护项目群愿景、路线图、待办事项列表，以及架构跑道。
- **持续集成**。构建、确认，以及从可工作的系统增量中进行学习。
- **持续部署**。将那些已经得到确认的特性交付到生产环境中，从而为发布做好准备。
- **按需发布**。向客户发布产品和交付价值，发布频率和时间根据市场和业务需要而定。

虽然项目群看板是可视化和管理持续交付流水线（CDP）的主要工具，但 SAFe DevOps、价值流映射，以及检视和调整（I&A）问题解决工作坊是教练用于增强这些能力的主要工具。SAFe DevOps 课程可以作为这些实践的基础。

培训 SAFe DevOps

为了加快持续交付流水线（CDP）的开发，SAFe DevOps 培训可以在第一次 IP 迭代期间进行，也可以根据需要和机会在后续的 PI 中进行。

这个课程全面概述了通过改善持续交付流水线（CDP）的价值流动来加快上市时间所需的 DevOps 技能。从概念到价值，参加课程的人员将通过他们的交付流水线映射当前的价值流，并识别出将会消除流动瓶颈的实践。

这个课程还将建立对完整价值流的理解，从持续探索到持续集成，从持续部署到按需发布。参加课程学习的人员在离开课堂时，将获得他们执行改善持续交付流水线（CDP）的实施计划所需要的工具，以及支持 CDP 所需的知识。

培训敏捷产品管理者

在当今快节奏的数字化经济中，学习正确的思维方式、技能和工具，使用敏捷技术开发成功的产品（从开始到退役）以开拓新市场是至关重要的。

SAFe"敏捷产品管理"（Agile Product Management，APM）课程提供了先进的产品管理技术，应用以客户为中心、设计思维，以及持续探索来推动精益企业的创新。

学员将了解如何加快产品生命周期，以获得更快的反馈，并快速交付令客户满意的卓越产品和解决方案——与你的组织战略、产品投资组合、演进的架构，以及解决方案意图保持一致。他们将学习如何管理价值流经济（包括许可和定价），如何使用同理心驱动设计，如何应用产品战略和愿景，如何制定和演进路线图，如何使用 SAFe 来执行和交付价值，以及如何探索价值流中的创新。

执行检视和调整

针对持续改进的辅导机会，没有什么比第一次检视和调整（I&A）事件更为重要的了，接下来将进行描述。

SPC 和教练们可以协助 RTE 来领导第一次检视和调整（I&A）事件，在该事件中，由 ART 来演示和评估解决方案的当前状态。然后，团队将在结构化的问题解决工作坊上，反思并识别改进待办事项列表条目。

在检视和调整（I&A）期间，每个人都将学习以下内容：

- 组织采用 SAFe 的情况如何。
- PI 的执行情况和系统增量的质量如何。
- 敏捷团队和 ART 与他们的 PI 目标相比表现如何。

此外，SPC 和教练们可以帮助 RTE 来领导第一次问题解决工作坊，在工作坊上会识别出下一个 PI 的纠正措施。该工作坊为团队提供了他们所需的工具，使他们能够独立地、坚持不懈地提升自己的绩效。该工作坊还允许团队与他们的管理层利益相关者们一起工作，共同解决团队所面临的更大障碍。

14.5 总结

ART 的启动不存在"完美的准备"。事实上，如果试图"事先做到完美"，就有可能延误转型及其效益的实现。为了避免这种情况，提前确定发布日期可以起到有效的强制作用。

启动一个 ART 包括 3 个主要活动：准备、培训敏捷团队，以及举行第一次 PI 计划会议。准备包括确定、培训 ART 领导者和诸如 Scrum Master、产品负责人、产品经理、系统架构师这样的特定角色，以及设定项目群节奏并准备项目群待办事项列表。

在这个准备阶段之后，为期 1 周的 ART 快速启动方法是快速实施新工作方式的一种行之有效的方法。在这种方法中，敏捷团队接受培训，并举行第一次 PI 计划事件，所有这些都在 1 周内完成。ART 一旦启动，就会寻找机会对 ART 进行教练。这里的重点在于支持开展成功的项目群执行，同时识别持续交付流水线的改进点。

启动和教练第一个 ART 创造了一个初步的胜利，这样就确保了能够保持实施 SAFe 转型的成果和进入下一步所需的能量与积极势头。接下来的步骤是启动更多 ART 和扩展到投资组合层面。

第15章

启动更多ART和价值流，扩展到投资组合

"巩固成果，并推行更多的变革"。

——约翰·科特（John Kotter）

15.1 概述

到目前为止，在本书的第三部分中，我们已经介绍了实施路线图的前9个步骤。在本章中，我们将介绍转型过程接下来的2个步骤。

- 步骤10：启动更多 ART 和价值流。
- 步骤11：扩展到投资组合。

15.2 步骤10：启动更多ART和价值流

启动最初的敏捷发布火车（ART），创造了在价值流中实施其他 ART 所需的模式和"肌肉记忆"。而现在，更大的商业机会已经到来，通过启动更多 ART 和价值流，使企业能够巩固成果并产生更多变革。

启动更多 ART

到目前为止，SAFe 咨询顾问（SPC）、精益-敏捷卓越中心（LACE），以及其他利益相关者都已经具备了在下一个选定的价值流中启动更多 ART 所需的经验。毕竟，ART 的数量越多，回报就越大。模式保持不变。重复第一次启动 ART 时奏效的关键步骤。

- 准备 ART 启动。
- 培训团队并启动 ART。
- 教练 ART 执行。

然而，需要注意的是：接下来的几个 ART 需要得到与第一个 ART 同样的关注和努力。否则，人们可能会倾向于假设"现在每个人都知道怎么做"。在转型的早期，这是不可能的；变革领导者需要像对待第一个 ART 一样，对以后的每一个 ART 都给予同样的关爱。

启动更多价值流

启动第一个完整的价值流是公司转型的一个里程碑。企业的业务成果正在得到改善。人们更加快乐。新的工作方式正在成为一种习惯。组织文化也在不断演进。然而，在大型企业中，实施 SAFe 转型这项工作远未完成。其他价值流可能来自完全不同的业务、运营单位，或者子公司。它们可能位于不同的国家，提供不同的解决方案和服务，并拥有不同的职权条线，而这些职权条线只在公司的最高级别处汇合。

因此，即使将乐观的情绪传播到其他价值流，也未必能让整个企业自动接受 SAFe。许多人可能会认为，"在那里行得通的东西在这里未必行得通"。因此，现实地讲，每个新的价值流都代表着同样的挑战和机会，需要将迄今为止所描述的所有变革管理步骤纳入其中。而且，每一个新的价值流都需要一系列相同的步骤（见图 15-1）。

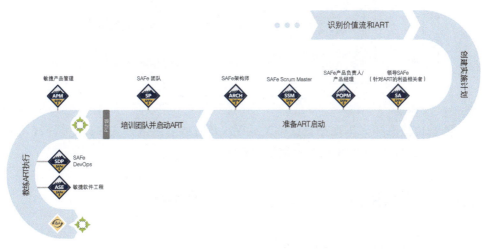

图 15-1　每个价值流都执行实施路线图的这一部分

同样，考虑到未来的工作范围，现在是反思之前的原则并应用原则 6（可视化和限制在制品，减少批次规模，管理队列长度）的好时机。我们将看到这些原则在 SAFe 实施轨道中所起到的作用。

SAFe 实施轨道

西北互助人寿保险与财务规划公司（Northwestern Mutual Life Insurance & Financial Planning）的 SPC 和精益-敏捷组织教练——萨拉·斯科特（Sarah Scott）在 2016 年 SAFe 峰会上介绍了自己公司的案例。他们的精益-敏捷思维、他们如何应用 SAFe 原则和实践，以及他们结构化的执行方式，都给我们留下了深刻的印象，因此我们询问她是否可以分享自己的经验。我们进一步将这些经验进行了归纳，形成了现在所说的"SAFe 实施轨道"的指导方针（见图 15-2）。正如 SAFe 网站上的文章《启动更多 ART 和价值流》（"Launch more ARTs and value streams"）[1] 所进一步描述的那样，"SAFe 实施轨道"这个比喻是一个有趣的、可视化的看板，用于管理企业的大规模转型。

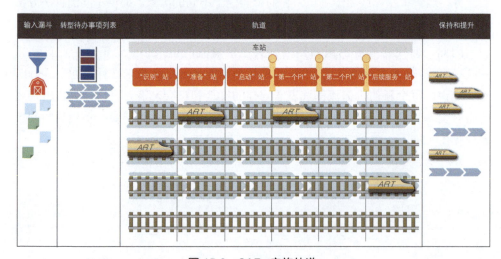

图 15-2 SAFe 实施轨道

随着价值流和火车现在正在持续运行，是时候着手进行 SAFe 实施路线图中的下一个关键步骤了，那就是扩展到投资组合。

15.3 步骤11：扩展到投资组合

"将新的方法扎根于企业文化中。"

——约翰·科特（John Kotter）

---

[1] 参见链接 39。

对于一个组织来说,在一系列价值流中实施 SAFe 是一项相当大的成就。对于在 SAFe 实施过程中发挥作用的每个人而言,新的工作方式正逐步成为他们的"第二天性"。因此,整个公司的效率开始提高,更广泛的目标也变得更加清晰:一个具有更高程度业务敏捷力的真正精益 - 敏捷企业。

这是 SAFe 推广中的一个关键阶段。它考验着组织在各个层面对业务转型的承诺。现在是将实施范围扩大到整个投资组合的时候了,以便将新方法扎根于文化中。另外,在大型企业中,一个投资组合代表了业务的一部分,而不是整个业务,而且企业可能有多个投资组合都在经历转型。

这些 ART 和价值流的成功,引发了人们对新的、更好的工作方式的热议。但是,这也往往会促使人们对一些更高层次的业务实践进行更严格的评审,从而指出这些遗留的、阶段 - 门限式的流程和步骤,会对团队的绩效产生不利的影响。不可避免的是,这开始给投资组合带来压力,并触发了进一步改善整个投资组合的战略流动所需的额外变革。这些问题通常包括以下几个方面:

- 过多的需求,超出了容量,会危及吞吐量并破坏战略。
- 基于项目的投资、成本会计损耗,以及费用开销增大。
- 不了解如何在敏捷业务中将费用资本化。
- 基于投机性的、滞后的投资回报率(ROI)所预测的过于详细的业务案例。
- 铁三角的"绞杀"(范围、成本和时间都固定的项目)。
- 传统的供应商管理和协调——专注于最低的价格,而非最高的生命周期价值。
- 阶段 - 门限式的审批流程没有减少风险,实际上还阻碍了增量式交付。

在解决这些遗留的挑战方面,没有什么比精益 - 敏捷领导力更为重要了。如果这些方法没有与时俱进地改变,企业将无法摆脱传统遗留方法的惯性,这会导致组织恢复到旧有的做事方式。这样就不可避免地导致企业在没有敏捷思维的情况下尝试敏捷开发,即"敏捷只是名义上的"。改进结果也可能会受到严重影响。不过,有助于解决问题的方法就在眼前。图 15-3 说明了在实施 SAFe 时,这些思维是如何随着接受培训和参与实施 SAFe 而不断演进的。

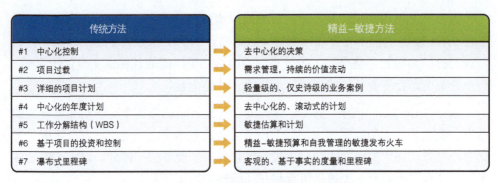

图 15-3　将传统思维演进为精益－敏捷思想

领导组织转型

这些传统思维方式很多都存在于整个组织中，如果不加以改变，就会破坏 SAFe 的有效实施。为了帮助员工接受新的工作方式，我们介绍了 SPC 和精益－敏捷领导者如何积极参与到领导组织转型之中。

领导者提供所需的知识和目标，以激励人们接受新的思维方式。另外，精益投资组合管理（LPM）和敏捷项目群管理办公室（APMO）经常提出变革的需要，并为新的工作方式的实施提供了相关知识。他们赞助并参与 LACE，且支持或鼓励专业实践社区（CoP）的发展，这些实践社区（CoP）关注和推进新的角色、职责和行为。在这样做的过程中，精益投资组合管理（LPM）和敏捷项目群管理办公室（APMO）建立了有示范性的精益－敏捷原则、行为和实践，如以下各小节所述。

然而，在精益投资组合管理（LPM）团队和其他利益相关者能够从传统的思维方式转变为针对投资组合的精益－敏捷方法之前，他们需要对精益投资组合管理（LPM）有更加深刻的理解，并获得所需的工具、技术和知识的实际操作经验。

培训精益投资组合管理者

在这个课程中，学员将获得实施精益投资组合管理能力所需的实用工具和技术。课程包括的内容有战略与投资资金、敏捷投资组合运营，以及精益治理。

课程的参与者将有机会利用投资组合画布工具捕获当前状态和未来状态，并确定实现未来状态的重要业务举措。他们还将探索用投资组合看板建立投资组合流动的方法，并对业务举措进行优先级排序，从而使经济收益最大化。该课程还就如何建立价值流预算和护栏，以及度量精益投资组合绩效提出了一些见解。

使价值流与企业战略对齐

价值流存在的原因只有一个：达成投资组合的战略目标。实施一个建立和传达战略主题的流程，可以加强这一结果。这有助于将投资组合组织成一个集成的、统一的解决方案产品。战略主题还为价值流预算决策提供了信息。

建立企业价值流动

管理来自投资组合史诗的工作流动，是成熟的周期中的一个重要步骤。这需要实施投资组合待办事项列表和看板系统。通过采用史诗待办事项列表、精益业务案例，以及构建－度量－学习的精益创业循环来发挥史诗负责人的作用。此外，企业架构师还建立了扩展架构跑道所需的使能史诗，以支持未来整个投资组合的业务功能。

实施精益财务管理

传统的治理方式通过"项目"结构，仔细地控制着开发的定义和成本。但是，项目模式只为临时的人员，提供了临时的工作；通常的成本超支和进度延期，给人事和财务管理造成了不良的干扰。然而，随着企业改进其方法，并发现大多数工作具有长期性的本质时，会自然而然地转向采用更持久的基于流动的模式。新方法可以最大程度地减少开销，让人们具有更强的目标感，并有利于系统知识的增长。

这就是投资组合开发价值流的更大目的；获得这些投资，需要遵循 SAFe 战略和投资资金实践的相关规定。

使投资组合需求与容量对齐，并应用敏捷预测

精益思想教导我们，任何在超负荷状态下运行的系统所交付的成果，都将远远低于其潜在的能力。对于任何开发过程来说，当然也是如此。在开发过程中，过多的在制品（WIP）会产生多任务处理（降低研发团队的生产率）、不可预测性（降低业务团队对研发团队的信任和参与度），以及精疲力竭（降低一切研发工作的有效性）。

通过在团队、ART，以及解决方案火车中持续应用速度的概念，新兴的 SAFe 企业利用该宝贵的经验来限制投资组合 WIP，直到需求与容量相匹配。这就提高了吞吐量和交付给客户的价值。而且，SAFe 企业不要求详细的长期承诺，而是应用敏捷预测来创建投资组合路线图，这个路线图是一个与内部和外部利益相关者沟通的期望基准。

演进更加精益和更加客观的治理实践

通常，传统的治理实践基于瀑布式生命周期的开发方式。这通常包括需要通过各种各样的阶段-门限式的里程碑，以及利用一些替代的、文档驱动的指标来度量工作的完成程度。然而，精益-敏捷的工作方式却有所不同。正如SAFe原则5"基于对可工作系统的客观评价设立里程碑"中所解释的那样，治理的焦点是不断演进的，在每个PI结束时，会建立和执行适当的客观度量。

培养更加精益的方法来改善与供应商和客户的关系

精益-敏捷思维展示出另外一组业务实践：企业如何对待其供应商和客户。精益企业具有长远眼光。它与供应商建立了长期的合作伙伴关系，这样可以保持最低的总体拥有成本，而不是一系列只关注降低当前可交付产品价格的短期操作。实际上，企业会帮助其供应商采用精益-敏捷思想，甚至可能会参与其中，发展供应商在该领域的能力。

SAFe企业还会认识到：客户对价值流是至关重要的。这种认识意味着客户将被邀请到PI计划会议、系统和解决方案演示，以及检视和调整（I&A）等关键事件中。在精益-敏捷的生态系统中，客户承担了他们应尽的责任。

传统的合同也发生了变化，通过敏捷合同向更加精益的方法演进，这将促进合同双方形成更加健康，也更有收益的长期关系。

15.4　总结

启动第一个ART创造了一个短期的胜利。然而，在大型企业中，这项工作才刚刚开始。为了继续这一旅程，需要重复在启动第一个ART时奏效的关键步骤。

对后续每个火车的启动，都应该投入与第一次相同的关注和努力，在进入下一个价值流之前，首先关注同一价值流中的ART。

一旦精益企业已经实现了一组全面实施SAFe的价值流，这些新的工作方式就必须被扩展到投资组合中，从而在战略和执行之间创建一致性。建立精益投资组合管理提供了一种全面的治理方法，以帮助确保每个投资组合都能发挥其作用，使企业实现其更广泛的业务目标。

然而，这个旅程并没有到此结束，企业因为有了这样的结构，现在就可以朝着实现业务敏捷力的目标，聚焦于如何在这一旅程中采取行动，进行度量、成长和加速。

第16章

度量、成长和加速

> "卓越的公司不相信卓越——只相信不断的改进和不断的变革。"
>
> ——汤姆·彼得斯（Tom Peters）

16.1 概述

在本书第三部分的前几章中，我们介绍了实施路线图步骤的第 1～11 步。在本章中，我们将介绍最后也是最持久的步骤——步骤 12：加速。然而，这最后一个步骤并不是结束。相反，它是一个新的开始！现在的目标是加速企业向业务敏捷力的发展。

为了增强和加速 SAFe 转型，领导者现在必须在 SAFe 的实施中采取行动，做出"度量和成长"（Measure & Grow）。要做到这一点，他们需要在着眼于真正的业务敏捷力这一更大目标的同时，保持对短周期迭代和项目群增量（PI）所投入的精力和热情。

遵循了实施路线图的前 11 个步骤的组织，值得祝贺！毫无疑问，他们已经取得了实质性的进展，例如：

- 一个足够强大的变革代理人联盟已经到位。
- 大多数利益相关者都接受过精益-敏捷实践的培训。
- 领导者正在"思考精益"和"拥抱敏捷"。
- 投资组合已经围绕价值流进行了重组。
- 敏捷发布火车（ART）已经启动，并且正在持续交付价值。
- 新的工作方式正在成为单个团队的运作规范，以及那些负责管理投资组合关注点的人员的规范。

最重要的是，组织每天都在积累大量的业务收益。质量、生产率、上市时间和员工参与度方面的改善，正在达到或超过预期。业务敏捷力的初步成果正在显现。由于实施路线图中的大部分步骤都已被遵循，因此很容易认为转型工作已经完成。

然而，基于这些优势，企业可以加速其业务敏捷力的旅程。这需要致力于基本的和先进的实践、自我反思，以及回顾。这里有一些活动，企业可以用来确保其坚持不懈的改进：

- 度量和成长
- 用基本型 SAFe 加强 SAFe 实施的基础
- 将新的行为扎根于组织文化之中
- 将所学知识应用于整个企业

下面将对每一个活动进行描述。

16.2 度量和成长

"度量和成长"是一个术语，我们用来描述一个投资组合如何评估其在业务敏捷力方面的进展，并确定改进的步骤。它描述了如何度量当前的状态以及如何成长，从而改进整体业务成果。这里有两种独立的评估机制，它们是针对不同的受众和不同的目的而设计的。

1. SAFe 业务敏捷力评估，是为精益投资组合管理（LPM）、精益-敏捷卓越中心（LACE），以及其他投资组合利益相关者而设计的，用于评估他们在实现真正的业务敏捷力这一最终目标方面的总体进展。
2. SAFe 核心能力评估，用于帮助团队和火车改进他们所需的技术和业务实践，从而帮助 SAFe 投资组合中的团队实现其目标。

每个评估都遵循一个标准的过程模式，即执行评估、分析结果、采取行动，以及庆祝胜利。

SAFe 业务敏捷力评估

SAFe 业务敏捷力评估是一种高级评估，它总结了业务在任何时间点上的敏捷程度。评估报告提供了一个可视化结果，展示了沿着 21 个维度的进展度量。报告示例如图 16-1 所示。

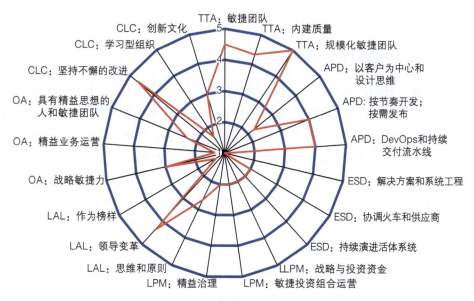

图 16-1　业务敏捷力评估显示了较低精益投资组合管理（LPM）熟练程度的示例

执行业务敏捷力评估

业务敏捷力评估包含一系列问题，这些问题有助于确定投资组合的当前状态。通常情况下，投资组合、业务和技术利益相关者与精益－敏捷卓越中心（LACE）一起参加评估。在选择了目标受众和决定了小组应该评估哪些能力之后，很重要的一点是必须在开始评估之前设置好上下文，确保所有参与者都能理解 21 个维度，以及 SAFe 所使用的术语。

评估业务敏捷力的进展不是一件微不足道的事。各种观点比比皆是，数据参差不齐；而且在评估的同时，工作方式也在不断演进。因此，简单地将评估发给不同的参与者，并要求他们填写数据，很可能无法提供正确的经验和准确的结果。相反，我们建议组织一个会议，这个会议由接受过 SAFe 培训的人员来引导，他们懂得各项 SAFe 评估指标间的细微差别和评估过程。一个经验丰富的 SAFe 咨询顾问（SPC）可能是一个不错的人选。

有两种评估模式可供使用：

- 单独填写评估表，然后一起来讨论并分析结果
- 共同讨论每一个问题，并就分数达成一致

这两种模式各有优缺点。无论采用哪种模式，在评估过程中有一位引导者来设定上下文和回答问题都是至关重要的。引导者还有助于确保评估工作坊的参与

性和可操作性。

分析业务敏捷力评估结果

有了来自评估的数据，下一步是分析结果。在分析过程中，识别出显著的意见分歧是很重要的。这些分歧可能来自对评估描述本身的不同理解，也可能来自对某一特定维度的当前状态的不同意见。我们的目标是探索差异，以便更好地就需要改进的地方达成一致。这是协作学习体验的一个重要部分。

然后，针对那些在小组评估中有问题的维度进行探索，从而了解促使人们给自己打低分的原因。除了指出需要改进的领域外，评估还允许投资组合看到在绩效或"成功"方面的明显改善。正如科特（Kotter）的模型所显示的那样，这些胜利或小的里程碑如果成倍增加，就会鼓励团队巩固这些收获并带来更多的改变。

引导者还应该意识到邓宁－克鲁格（Dunning-Kruger）效应[1]，在这种效应中，人们倾向于将自己的能力评估为高于实际情况。所以，对于那些得分异常高的维度也应该进行评审，从而确保小组理解评估描述的含义，并在评估中实事求是。

根据业务敏捷力评估采取行动

虽然业务敏捷力评估是高层级的评估，但是参加这个评估本身就是一种学习经历。许多问题直接设定了对行为、活动或成果的期望，这些期望是可以进行推理和讨论的。例如，一个关于持续学习的问题，如"组织为人们提供了专门的时间、空间进行探索和实验"就相当明确，其隐含的纠正措施也相当明显。再如图 16-1 所示，企业在精益投资组合管理（LPM）方面得分很低。这可能是因为该企业在这方面效率不高，但更有可能的是该企业还没有开始这部分的旅程。在大多数情况下，快速查看一下实施路线图会发现一些相当明显的后续步骤，其目标是稳步提升所有七个核心能力的熟练程度。

投资组合或 LACE 应该定期重新评估其在业务敏捷力方面的进展，可能每两个 PI 进行一次评估，并计划下一步该做些什么。度量频率取决于组织所追求实现的机会，以及投资组合能够合理地实现进展的速度。在转型的早期建立一个基线，然后进行定期评估，这样就可以展示出提升的趋势，并允许每个人交流成功的经验。

SAFe 核心能力评估

在大多数情况下，对业务敏捷力方面的进展情况进行评估，都会激励企业做出更大、更深入的改进努力。这可以让企业去探索七个核心能力，并开始对这七

---

1 参见链接 40。

个核心能力中的部分或全部进行度量，以及采取更加具体的行动。与业务敏捷力评估的结构类似，每个核心能力评估都有一组按维度组织的描述，对这些描述按照业务敏捷力评估中所使用的数值范围进行评分。这些问题沿着某个特定能力中的三个维度展开，而且就其中的每一个维度，都会深入一步到组织所面临的机会和需要关注哪些因素的具体方面和领域。图 16-2 展示了一份报告的示例。

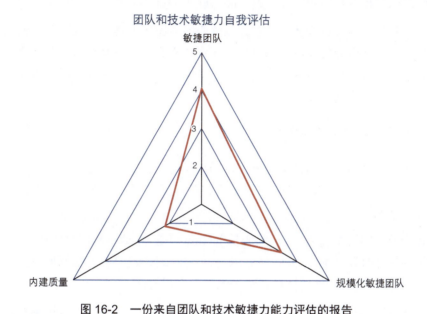

图 16-2　一份来自团队和技术敏捷力能力评估的报告

运行核心能力评估

与业务敏捷力评估一样，单个能力评估的范围、受众和流程必须是特制的。或许，如果敏捷产品交付能力的评估结果较低，就会建议每个敏捷发布火车评估团队在这个维度上的进展。又或许，精益投资组合（LPM）评估需要引入合适的利益相关者。无论如何，前面提供的所有指导和注意事项仍然适用，要获得正确的经验和结果，对文化的关注和细心的引导是必要的。

针对每个能力的更加详细的评估，可以从 SAFe 网站上的每一篇能力文章的尾部下载。

分析核心能力评估的结果

能力评估的结果是按照三个维度总结出来的。但是，评估中有更多的细节，也有更多的知识，这些内容远比评估图形本身所展示的内容要多得多。例如，这里有一个来自内建质量维度的问题样本，这些问题本身就为利益相关者提供了信息，并意味着改进活动：

- 团队共同承担设计责任
- 团队在每次迭代中减少技术债务
- 团队促进交叉培训和 T 型技能的发展
- 在团队和系统层面运行持续集成和自动化测试

需要重申的是，进行业务敏捷力或核心能力评估不是一项例行的、机械的工作。这是一个被引导的充满学习机会的研讨性质的会议，而且团队对于评估也设定了期望，并针对如何改进、提高进行了交流。因此，即使是进行评估这一看似简单的行为，也将是迈向改进的重要一步。

根据核心能力评估采取行动

根据对核心能力评估结果的分析，团队确定了最需要改进的领域。例如，在图 16-2 中，团队和技术敏捷力能力的内建质量维度得分较低，而其他领域看起来得分差不多。

每个能力的文章都包含一个"成长"（Grows）链接，这个链接会打开一个页面，该页面中有针对每个维度的建议（见图 16-3）。成长代表一项活动（例如，观看视频，举办工作坊），它可以帮助团队在这个维度上进行提升。

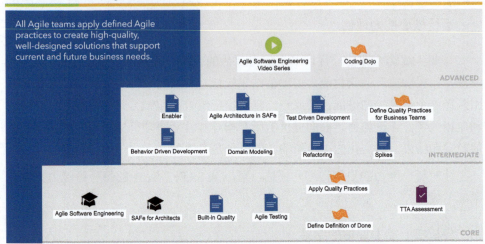

图 16-3　内建质量从团队和技术敏捷力能力中得到成长

图 16-3 中的成长，被分成三组（CORE、INTERMEDIATE、ADVANCED，即核心、中级和高级），以提供选择改进行动的逻辑顺序。使用加权最短作业优

先（WSJF）对机会进行优先级排序，并选择一个或两个活动来限制在制品，并在最短的时间内获得最大的价值，这种做法可以帮助团队选出最重要的活动。根据改进的规模和范围，优先级最高的条目进入相应的待办事项列表（如 LACE、项目群）。

庆祝成功

最后，需要提醒大家注意的是，变革很难。持续变革更难。一个聪明的企业会用小的胜利来庆祝进步，并激励人们实现下一个里程碑。庆祝的机会很多：比如，当一个投资组合、ART 或团队在每个维度上从一个级别提升到下一个级别时；或者，甚至可能是针对某个维度评估的描述，从"大部分为假"转变成"大部分为真"。庆祝成功为业务敏捷之旅的更多改进和进步提供了必要的动力。

这些里程碑也可以为组织提供一个将流程游戏化的机会。反过来，这也可以激励个人和团队，加强他们对活动的关注，从而可以帮助他们及其所在的投资组合实现目标。

此外，如果尝试提升在价值流 KPI 和其他业务度量指标中的改变，就可以把工作与投资组合的成功度量联系起来。这样一来，整个投资组合就可以专注于结果，并庆祝成长和积极的成果。

16.3　用基本型SAFe加强SAFe实施的基础

业务敏捷力和每个能力的评估，提供了一个全面的框架，以帮助企业"度量和成长"。但通常也有一条中间道路。几乎在每一项运动中，当球队开始陷入困境时，教练都会让球员重新关注自己的基本位置。对于采用 SAFe 的企业来说，这往往也是重返胜利之路的第一步。

在转型之初，每个人都接受了培训，最初的重点是学习 SAFe 的基础知识。然而，随着更多火车的启动以及组织的注意力转移到新的挑战上，实施路线图中的步骤可能会被跳过。人们也可能不再像开始时那样严格地遵循路线图。无论是对 SAFe 实施路线图缺乏理解，还是渴望在敏捷的道路上走捷径，或者是因为公司对绩效的关注忽高忽低起伏不定，究其原因，往往都是由于基本型 SAFe 里十个关键成功要素（见图 16-4）中的一个或多个没有被遵循而造成的。

数以千计的 SAFe 实施经验表明，跳过任何一个要素都会导致投资组合取得的结果不尽如人意。为了克服这些挑战，以下十个关键的成功要素（见图 16-4）是基本型 SAFe 的一个子集，它们描述了实现积极的业务成果所必需的基本要素。

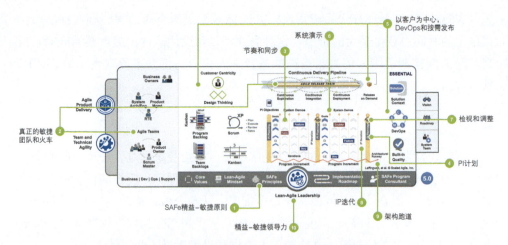

图 16-4　基本型 SAFe 的十个关键成功要素

下面将对这些要素逐一进行描述。

1．精益–敏捷原则

SAFe 实践以基本的精益–敏捷原则为基础。当组织采用 SAFe 时，其持续改进活动会找到更好的工作方式。这些原则指导着工作，并确保做出相应的调整，朝着"最短可持续前置时间、为人类和社会提供最好的质量和价值"的方向稳步前进。

2．真正的敏捷团队和火车

真正的敏捷团队和 ART 是完全跨职能的。他们拥有一切必要的东西和所有人员，从而产生一个可工作的、经过测试的解决方案增量。他们自我组织和自我管理，以最小的开销更快地让价值流动。不能定义、构建、测试和交付工作的敏捷团队，就不是功能齐全的敏捷团队。不能交付解决方案或部分解决方案的 ART，就不是完全有能力的 ART。

3．节奏和同步

正如原则 7 所述，节奏提供了一种有韵律的模式——开发过程中稳定的心跳。它使那些可以成为例行公事的事情，成为例行公事。同步允许多个视角中发现的问题在同一时刻获得理解和解决。例如，同步用于将系统的各种资产组合在一起，以评估解决方案级别的可行性。

4. PI 计划

在 SAFe 中,没有任何事件比 PI 计划更有力量。它为 ART 提供了节奏,并通过确保业务和技术的协调一致,将战略与执行连接起来。将整个 ART 对齐到一个共同的愿景和目标上,可以创造活力和共同的使命感。

5. 以客户为中心,DevOps 和按需发布

SAFe 企业在其全套产品和服务中创造了积极的客户体验。其采用 DevOps 思维、文化,以及适用的技术实践,从而在市场需要的时候实现更频繁、更高质量的发布。SAFe 企业以客户为中心,将设计思维应用在工作中。这些实践能更快地验证假设,并产生更大的利润、提高员工参与度和客户满意度。

6. 系统演示

ART 进展的主要度量来自系统演示中可工作解决方案的客观证据。每两周,整个系统(火车上的所有团队将当前迭代中的工作做好集成)都会向火车利益相关者进行演示。然后,利益相关者会提供火车所需的反馈,从而采取纠正措施,并使火车保持在正确的轨道上。这就取代了其他形式的治理工作,从而避免产生额外的工作并阻碍流动。

7. 检视和调整

检视和调整(I&A)是每个 PI 都会执行的重要事件,这个事件会在一个预先确定好的时间内发生,用于反思、收集数据和问题解决。I&A 事件将团队和利益相关者聚集在一起,以评估解决方案,并确定所需的改进和行动,从而提升下一次 PI 的速度、质量和可靠性。

8. 创新与计划(IP)迭代

IP 迭代服务于多种目的。它作为一个估算的缓冲时间确保实现 PI 目标,并提供了专门的时间,用于创新、继续教育、PI 计划,以及 I&A。IP 迭代的活动,支持许多精益-敏捷原则,它可以促进业务敏捷力的实现。

9. 架构跑道

架构跑道由现有的代码、组件和技术基础设施组成,这些都是实现高优先级、近期的特性所必需的,不会造成过度的延误和重新设计。如果对架构跑道的投资

不足，就会减慢火车的速度，并使 ART 的交付变得较为不可预测。

10．精益－敏捷领导力

为了使 SAFe 有效，企业的领导者和管理者要对精益－敏捷的采纳和成功负责。高管和经理成为精益－敏捷的领导者，接受这些精益思维和运营方式的培训（然后成为培训师）。如果领导层不对实施负责，那么实施 SAFe 转型将不可能获得全部收益。

16.4　将新的行为扎根于组织文化之中

实施 SAFe 和掌握七项能力，将不可避免地改变组织的文化。将这种转变固定下来，使之永久化，对于确保组织不断进步，不再退回到旧的行为模式是至关重要的。随着对于投资组合的掌握程度越来越高，人们会自然而然地认为新的工作方式已经成为一种习惯，并将组织的重心转移到"下一件大事"上。

但是，要当心。在所有新的原则和实践在整个投资组合中得到推广，成为默认的工作方式之前，存在一个持续的风险，即组织的部分或全部收益将会丧失。投资组合可能很容易恢复到传统的思维方式和实践。领导层的变化、建立一个紧急应对环境的威胁，或者组织没有足够的时间和经验让新习惯扎根，这些都是可能的原因。

那么，如何才能避免这个陷阱呢？

W·爱德华兹·戴明（W. Edwards Deming）的智慧再次为我们指明了方向。"转型不是自然发生的。人们需要学习如何转型；人们还要领导转型的实施"。领导者必须做的不仅仅是"改变系统"。领导者必须了解变革领导力和组织变革管理的原则和实践。他们必须成为新工作方式的管理者、看护者和捍卫者。当气氛变得紧张，恢复旧习惯的压力逐渐增加时，每个人都会关注从组织的高层到基层的领导者，看看他们是如何应对的。领导者是否已经转变了思维、行动和决策的方式——即使在危机时刻也是如此？当领导者证明真正的变革已经发生，并且不允许倒退时，无论在什么情况下，变革都会成为组织 DNA 的一部分。那么，新的工作方式就有可能在未来经受住类似的挑战。

这些新的行为中有许多是由两个特殊的角色所示范和体现的：Scrum Master 和 RTE。这需要将教练、经验以及培训等方面的工作进行融合，从而对 Scrum Master 和 RTE 进行培养。

提升 Scrum Master 的仆人式领导力

Scrum Master 是敏捷团队的仆人式领导和教练。他们帮助团队学习 Scrum、XP、看板，以及 SAFe 的内建质量实践。他们还帮助消除障碍，并为高绩效团队的动力、持续的流动，以及坚持不懈的改进营造环境。因此，Scrum Master 在采用 SAFe 的过程中起到了至关重要的作用。

当一个 Scrum Master 已经担任这个角色一段时间，至少有三到五个 PI 之后，就应该把先进的知识学以致用，去解决更高一个层次的问题了。

"SAFe 高级 Scrum Master"（SAFe Advanced Scrum Masters）课程为当前的 Scrum Master 提供了良好的训练，使他们做好准备，能在引导敏捷团队、项目群和企业成功实施 SAFe 方面发挥领导作用。

该课程的内容包括引导跨团队的互动，从而支持 ART 的执行和坚持不懈的改进。它通过介绍可扩展的工程和 DevOps 实践、看板的应用来促进价值的流动，以及支持与系统架构师、产品管理者和其他关键利益相关者在更大的企业上下文中的交互，从而增强了 Scrum 范式。该课程还提供了构建高绩效团队的可操作工具，并探讨了解决企业中敏捷和 Scrum 反模式的实用方法。

提升敏捷发布火车的仆人式领导力

发布火车工程师（RTE）是整个 ART 的仆人式领导者和教练。他们的主要职责是引导 ART 事件和流程，并协助团队交付价值。RTE 与 ART 中的每个人（包括高管、业务负责人，以及许多其他利益相关者）进行沟通和互动，从而对障碍进行升级汇报、帮助管理风险，以及推动坚持不懈的改进来交付价值。这是一个非常困难和重要的角色。RTE 对整个 ART 的成功至关重要，因此 RTE 对 SAFe 的实施也至关重要。通常，由经验丰富的 SPC 对 RTE 进行非正式的培训和教练。在 RTE 组织了至少 3~5 个 PI 之后，RTE 就可以花时间通过向其他类似或更有经验的人学习，以提高自己的技能水平和增加知识储备，这是很重要的。

"SAFe 发布火车工程师"（SAFe Release Train Engineer）课程有助于 RTE 学习如何通过体验式学习成为真正的仆人式领导和教练，并与其他同行一起研究 RTE 在精益-敏捷转型中的作用，从而打造出高绩效的 ART。此外，RTE 还将学习引导 ART 流程和执行的先进技术；教练领导者、团队和 Scrum Master 执行新的流程和思维方式；并成为 SAFe 企业各层级协调一致的主要推动者。虽然学习本课程的内容对于新加入这个角色的人来说很有价值；但是，本课程依靠的是"在教室后进行讨论的培训"方式，也就是课程中的大部分学习收获都来自其他课程参与者的经验。

16.5 将所学知识应用于整个企业

对于世界上最大规模的组织来说，拥有许多投资组合是很常见的。然而，一个投资组合的成功并不能确保其他投资组合的成功。随着采用 SAFe 的初始投资组合向业务敏捷力迈进，加速的下一步是利用开创性组织的洞察力和成功，从而使其余的投资组合进行转型。推荐的模式是为初始投资组合的变革代理人提供机会，让他们总结在实施 SAFe 过程中的所有经验和收获，帮助对企业未来的投资组合进行转型。为了使这一模式取得成功，组织需要投资培养每一个角色的下一代领导者，这样当他们的同行开始在其他投资组合中启动转型时，他们就可以准备好介入了。如果计划得当，这些过渡就会很顺利，同时也可以为这些领导者创造巨大的机会和上升空间。他们还可以保证现有的投资组合继续朝着掌握业务敏捷力这个终点而前进。

16.6 总结

尽管，从 SAFe 实施路线图的显示来看，"加速"可能会让大家觉得这是最后一个步骤，但是，它并不是转型之旅的最后一步。相反，这是一个新的、更大的坚持不懈的改进之旅的开始。

新兴的精益企业已经开始建立新的运营模式。持之以恒的进步正在成为常态，但不能认为这是理所当然的。加速转型需要持续回顾并识别改进机会。业务敏捷力和核心能力评估提供了一种方法来度量这一进展，并识别需要成长的领域。除了十个关键的 ART 成功因素外，具体的"成长"提供了提高每个核心能力的熟练程度的活动。随着时间的推移，新出现的行为将扎根于新的组织文化中，从而可以在企业中创造机会，更广泛地传播学习成果。

总之，"加速步骤"（accelerate step）与"度量和成长"指南，提供了一个全面完整的策略，从而可帮助企业实现 SAFe 实施的全部业务收益。